AF391178

MINISTÈRE DU COMMERCE, DE L'INDUSTRIE
DES POSTES ET DES TÉLÉGRAPHES

EXPOSITION UNIVERSELLE INTERNATIONALE DE 1900
À PARIS

RAPPORTS
DU JURY INTERNATIONAL

Classe 99. — Industrie du caoutchouc et de la gutta-percha
Objets de voyage et de campement

RAPPORT DE M. E. CHAPEL

SECRÉTAIRE DE LA CHAMBRE SYNDICALE DES CAOUTCHOUCS,
GUTTA-PERCHA ET TOILES CIRÉS

PARIS

IMPRIMERIE NATIONALE

M CMI

RAPPORTS DU JURY INTERNATIONAL

DE

L'EXPOSITION UNIVERSELLE DE 1900

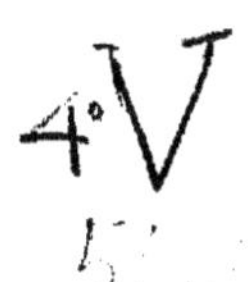

MINISTÈRE DU COMMERCE, DE L'INDUSTRIE

DES POSTES ET DES TÉLÉGRAPHES

EXPOSITION UNIVERSELLE INTERNATIONALE DE 1900

À PARIS

RAPPORTS

DU JURY INTERNATIONAL

Classe 99. — Industrie du caoutchouc et de la gutta-percha
Objets de voyage et de campement

RAPPORT DE M. E. CHAPEL

SECRÉTAIRE DE LA CHAMBRE SYNDICALE DES CAOUTCHOUCS,
GUTTA-PERCHA ET TOILES CIRÉES

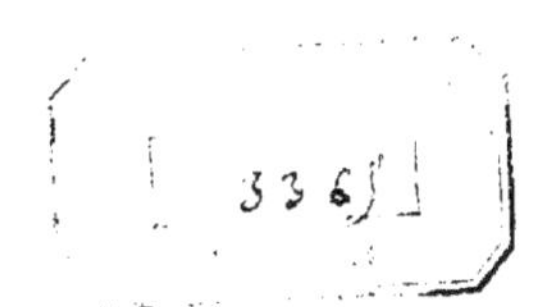

PARIS

IMPRIMERIE NATIONALE

M CMI

Industrie du caoutchouc et de la gutta-percha
Objets de voyage et de campement

———

RAPPORT DU JURY INTERNATIONAL

PAR

M. E. CHAPEL

SECRÉTAIRE DE LA CHAMBRE SYNDICALE DES CAOUTCHOUCS,
GUTTA-PERCHA ET TOILES CIRÉES.

COMPOSITION DU JURY.

BUREAU.

MM. Sriber (Alphonse), président de la Chambre syndicale des caoutchoucs, gutta-percha, toiles cirées (comités, jury, Paris, 1878, 1889; président des comités, Paris, 1900), secrétaire général du Comité central des chambres syndicales, membre de la Commission permanente des valeurs de douane, *président*... France.

Hardin (Dimitry), professeur à l'Institut polytechnique, *vice-président*.... Russie.

Chapel (Edmond), secrétaire de la Chambre syndicale des caoutchoucs, gutta-percha et toiles cirées (comités, jury, Paris, 1889; rapporteur des comités, Paris, 1900), *rapporteur*............................... France.

Lamy-Torrilhon (Gaspard), caoutchouc manufacturé (médaille d'or, Paris, 1889; trésorier du comité d'installation, Paris, 1900), vice-président de la Chambre syndicale des caoutchoucs, gutta-percha, toiles cirées, *secrétaire*... France.

JURÉS TITULAIRES FRANÇAIS.

MM. Bertin (Léon), ancien président de la Chambre syndicale de la maroquinerie, gainerie et articles de voyage (comités, Paris, 1900).......... France.

Laflèche (Jules), tissus élastiques (comités, Paris, 1900)............. France.

JURÉS TITULAIRES ÉTRANGERS.

MM. Maurel (Fernand), vice-président de la Chambre syndicale des caoutchoucs, gutta-percha, toiles cirées; président de section au Tribunal de commerce de la Seine.................................... Équateur.

Boverton Redwood... Grande-Bretagne.

JURÉ SUPPLÉANT FRANÇAIS.

M. Falconnet (Henri), ingénieur des arts et manufactures, caoutchouc, gutta-percha [maison Falconnet, Pérodeaud et Cie, ancienne maison Decourdemanche] (comités, Paris, 1900)............................... France.

EXPERTS.

MM. Henri (René), ingénieur des arts et manufactures, tentes et articles de campement... France.

Vuitton (Georges), malles et articles de voyage (comités, 1900)........ France.

INDUSTRIE
DU CAOUTCHOUC ET DE LA GUTTA-PERCHA.
OBJETS DE VOYAGE ET DE CAMPEMENT.

INTRODUCTION.

La Classe 99 comprenait, d'après la classification générale, l'industrie du caoutchouc et de la gutta-percha (matériel, procédés et produits) et les objets de voyage et de campement; si nous nous reportons aux documents officiels, nous trouvons l'énumération ci-après :

Matériel et procédés de la fabrication des objets en caoutchouc et en gutta-percha.

Produits généraux de l'industrie du caoutchouc et de la gutta-percha.

Malles, valises, sacoches, nécessaires et trousses de voyage, caisses et boîtes pour emballage. Serrurerie et autres accessoires des malles, valises, etc. Coussins, vêtements et chaussures imperméables. Bâtons ferrés, grappins, parasols. Objets divers à l'usage des voyageurs.

Matériel portatif spécialement destiné aux voyages et expéditions scientifiques, nécessaires et bagages du géologue, du minéralogiste, du naturaliste, du colon, du pionnier, etc.

Tentes et leurs accessoires. Lits, hamacs, sièges pliants, autres objets de mobilier pour campement.

La réunion dans une même classe d'industries aussi différentes et d'objets aussi disparates nécessite quelques explications.

Dans les expositions précédentes, les articles de voyage et de campement avaient été groupés dans une classe spéciale, alors que l'industrie du caoutchouc, considérée comme l'une des branches de la grande industrie chimique, était rattachée à ce groupe au même titre que les corps gras, les huiles, les cirages, les vernis, etc.

Inauguré en 1855, ce classement fut maintenu en 1867 et par la suite. Faut-il rattacher son maintien à l'esprit de routine ou au respect des traditions? Toujours est-il que ce classement ne donnait satisfaction à aucun des intérêts en cause, et dès les premiers travaux d'organisation de l'exposition de 1889, des difficultés surgirent au sujet de la présentation des produits de l'industrie du caoutchouc. L'importance considérable prise par cette fabrication depuis l'Exposition de 1878 se révélait par une affluence menaçant de déborder le cadre destiné à contenir les industries chimiques, dont les produits sont généralement présentés par petites quantités sur des coupes ou dans des flacons de cristal, constituant par eux-mêmes de merveilleux écrins.

Le caoutchouc ne peut s'accommoder d'une pareille présentation, si séduisante fût-elle. Sa masse ne peut s'emprisonner dans des espaces restreints : l'espace lui est nécessaire pour montrer les différents emplois dans lesquels on peut utiliser ses multiples facultés.

La Classe 45, à laquelle était rattachée l'industrie du caoutchouc en 1889, ne put, faute d'un emplacement suffisant, répondre aux demandes qui lui étaient faites, ce qui motiva, de la part des fabricants de caoutchouc, de nombreuses protestations et détermina même un certain nombre d'entre eux à s'abstenir.

Soucieux de ne pas voir se reproduire les mêmes difficultés, les fabricants donnèrent mission au bureau de leur chambre syndicale de faire les démarches nécessaires pour remédier à un état de choses aussi regrettable.

Grâce à l'intervention active du président du syndicat, M. A. SRIBER, et à la bonne volonté des organisateurs de l'Exposition de 1900, satisfaction fut enfin donnée aux intéressés, et l'industrie du caoutchouc, distraite de l'ancien groupe dans lequel elle était classée, fut réunie aux articles de voyage et de campement avec lesquels existaient certains points de contact; divers articles, en effet, tels que les manteaux imperméables, les chaussures, etc., font partie du bagage de l'explorateur ou du touriste et peuvent à la rigueur justifier cette réunion.

Il eût été préférable, à notre avis, de constituer une classe spéciale qui, de même que la parfumerie, aurait trouvé sa place dans le groupe des industries chimiques.

La réunion de fabrications aussi différentes devait amener le renouvellement, en partie tout au moins, des difficultés constatées antérieurement et il s'est effectivement réalisé. L'industrie du caoutchouc, se trouvant enfin dans une situation favorable, a formulé des demandes qui absorbaient beaucoup plus que la totalité de l'espace attribué à la classe; ces demandes furent considérablement réduites, mais, malgré tous les efforts et la bonne volonté des membres du comité d'installation, les fabricants d'articles de voyage et de campement se plaignirent d'avoir été sacrifiés; ils étaient d'ailleurs moins nombreux que lors de l'Exposition universelle de 1889, qui elle-même avait réuni un nombre d'exposants moindre que celle de 1878.

Diverses raisons ont amené cette situation dont il convient de rechercher les causes. Tout d'abord, le comité d'admission a été particulièrement sévère en écartant rigoureusement les postulants dont la qualité de fabricants n'était pas nettement établie. D'autre part, la classification générale de 1900 comporte 121 classes, alors qu'il n'en existait que 83 en 1889, et si l'augmentation du nombre des classes a répondu aux nécessités nouvelles de l'industrie, elle a eu pour résultat d'inciter certains exposants à faire choix de la classe où leur intérêt les engageait à présenter leurs produits. La classification nouvelle aura donc occasionné des défections dans certaines classes, mais elles sont plus apparentes que réelles, car le nombre total des exposants n'a jamais été si élevé.

Fig. 1. — Modèles de tentes. (Annexe du Trocadéro.)

Quoi qu'il en soit, les éléments de succès n'ont pas fait défaut, et la Classe 99 comptait 168 exposants répartis comme suit :

	FRANCE.	ÉTRANGER.
Caoutchouc	40	29
Voyage	13	55
Campement	11	20

L'importance de la section française nous oblige à entrer dans quelques détails au sujet de l'aspect qu'elle présentait.

Deux emplacements lui avaient été attribués : l'un au premier étage du palais Esquié, aux Invalides, l'autre, à titre d'annexe pour le campement, au quai Debilly, au pied du Trocadéro. La distance qui séparait ces deux emplacements était fort regrettable, car le morcellement nuit toujours à la présentation des produits, l'intérêt se trouvant diminué pour le public lorsque son attention est sollicitée sur divers points à la fois.

Primitivement, les deux emplacements attribués à la Classe devaient être contigus, une partie des quinconces ayant été en principe réservée à la Classe 99. Mais l'impossibilité dans laquelle s'est trouvée l'Administration de réaliser ce projet a fait redouter les pires décisions : au grand déplaisir des intéressés, il fut un moment question de reporter l'annexe de la Classe 99 à Vincennes; aussi quand, après de longues hésitations, l'Administration offrit la chaussée du quai Debilly, cette proposition fut acceptée, quoique bien loin de répondre aux *desiderata* des exposants. (Voir plan, p. 11.)

Ce terrain occupait une superficie de 1,130 mètres carrés, représentant un rectangle allongé dans lequel les tentes étaient exposées, les unes adossées à la palissade longeant la voie des tramways, les autres appuyées au parapet du quai; l'espace intermédiaire constituait le passage laissé à la circulation; des massifs de fleurs bordés de talus gazonnés en rompaient la monotonie rectiligne et des plates-bandes garnies d'arbustes aux feuillages variés encadraient chacun des emplacements attribués aux divers exposants, apportant dans ce tableau une note gaie que rendaient plus brillante encore les splendeurs d'un soleil qui s'est montré particulièrement radieux cette année.

En signalant ces heureuses dispositions, nous rendons hommage au talent de l'architecte, M. A. GONTIER, qui a su tirer le parti le plus avantageux d'une situation qui, à première vue, ne paraissait guère susceptible de fournir des éléments de succès.

L'installation de la Classe 99 aux Invalides a été elle-même particulièrement laborieuse; l'emplacement attribué entourait trois côtés d'un carré dont la partie centrale, vide, donnait l'air et la lumière au rez-de-chaussée; de plus, nous occupions le palier de l'escalier reliant le palais Esquié au palais Troppé-Bailly, ce qui portait la superficie totale dont nous disposions à 1,435 mètres carrés, sur lesquels il fallut distraire environ la moitié pour les chemins et dégagements.

Tout le pourtour de la Classe fut aménagé en vitrines qui se distinguaient par la sobriété des ornements et par l'harmonie des lignes. (Voir plan, p. 13.)

Construites en vicado et sapin d'Amérique, sortes de noyers aux tons chauds, les vitrines étaient montées sur un soubassement très peu élevé, de façon à présenter le maximum d'espace utilisable. L'entablement portait l'inscription des raisons sociales. La corniche était surmontée de vases rouges, lesquels, en caoutchouc durci ainsi que les motifs formant chapiteaux sur les piliers, ont été fournis par la maison Bapst et Hamel; ces motifs de décoration, inspirés par l'art étrusque, étaient très bien exécutés et méritent une mention spéciale.

L'espace intermédiaire compris entre les vitrines et la balustrade entourant l'ouverture centrale était occupé par des plates-formes, des vitrines isolées ou des groupes de vitrines au centre de l'un desquels le comité d'installation avait aménagé un bureau spacieux qui a servi de salle de délibérations au jury international. Ce bureau fort bien aménagé, avec téléphone et cabinet de toilette, a été très utile aux différentes commissions qui ont siégé pendant le cours de l'Exposition et dont les membres ont fort apprécié le confort.

Ce souci de bien faire, tout en ménageant les fonds des exposants, a permis de donner à la Classe un aspect agréable, en évitant une exagération inutile des dépenses.

Des sièges nombreux, des banquettes confortables donnaient au public qui se pressait dans les galeries le loisir de se reposer en examinant les produits exposés; le bruit des pas était amorti par un tapis moelleux dont le coloris discret s'harmonisait avec le style sobre de la classe.

Les vitrines offraient aux regards des visiteurs une variété d'aménagement contrastant heureusement avec la banalité de certains articles : les tubes à gaz ou les tuyaux d'arrosage ne se prêtent guère à l'ornementation, non plus que les clapets ni les rondelles. Et cependant aucune vitrine ne se ressemblait, chaque exposant s'était ingénié à trouver des combinaisons originales pour présenter ses produits, et certaines expositions se faisaient remarquer par le goût et l'habileté de leur organisation. Une heureuse répartition des tissus élastiques aux nuances chatoyantes jetait une note éclatante sur les fonds généralement sombres du caoutchouc; les articles de voyage et de campement contribuaient aussi à animer la classe et ajoutaient à l'intérêt de l'ensemble.

Ici encore, l'architecte avait su déployer les ressources de son talent, et grâce à ses habiles dispositions, la Classe, qui n'aurait pu offrir qu'un intérêt relatif, était, au contraire, visitée et appréciée par les délicats aussi bien que par la foule.

Malgré le retard apporté à donner le visa au plan définitif, les travaux d'installation furent menés avec une telle rapidité, que, dans la quinzaine qui précéda l'ouverture de l'Exposition, les vitrines étaient presque toutes édifiées. Il y eut alors une période de fièvre qu'il est difficile de décrire. Tous les corps d'état travaillaient simultanément. Malgré la présence des maçons qui achevaient les revêtements intérieurs, malgré les peintres qui imprimaient les murs à peine séchés, les ébénistes, menuisiers et serruriers apportaient la dernière main à l'installation générale.

Sous la vigoureuse impulsion du président du comité, la Classe prenait figure, les exposants occupaient leurs emplacements et aménageaient l'intérieur de leurs vitrines. Ceux d'entre eux qui avaient eu la précaution de préparer chez eux leur exposition recueillirent le bénéfice de dispositions prises à l'avance et furent prêts bien avant leurs confrères moins avisés.

La première installation terminée fut celle de MM. de Pontonx et Cie, de Marseille, que M. Picard, Commissaire général, complimenta lors de la visite qu'il fit aux chantiers quelques jours avant l'ouverture.

Enfin le 13 avril, la veille de l'inauguration, la Classe présenta un spectacle inoubliable : chacun se hâtait de mettre à profit les dernières heures imparties pour achever l'installation de ses produits. Ce fut une journée d'activité fébrile dont il est impossible de donner une idée, tous rivalisant d'entrain et, disons-le bien haut, de bonne humeur ; les marteaux faisaient rage cependant que chacun déballait les marchandises, les parait, les rangeait avec ordre et méthode. Malgré le bruit, les encombrements, voire même les chocs, la scène changeait d'aspect d'heure en heure, les vitrines et les plateformes se garnissaient, la Classe prenait sa physionomie.

Aussi, dans les comptes rendus de la plupart des journaux, la Classe 99 fut citée parmi celles dont l'organisation était complète à la date fixée.

Le service de surveillance au complet et en grand uniforme fonctionnait ; les visiteurs pouvaient circuler dans nos galeries sans rencontrer les échelles, les tas de matériaux ou autres obstacles qui, le plus souvent, encombrent toutes les voies au lendemain des jours d'ouverture officielle.

Le mouvement de fonds occasionné par l'exposition de la Classe 99 s'est élevé à la somme de 441,651 francs, se décomposant comme suit :

Dépenses engagées par le Comité d'installation. . . . .   99,165 francs.

Dépenses particulières des exposants   83,164

Chiffre approximatif accusé par les exposants pour leurs dépenses de présentation des produits. 259.322

Après l'apurement des comptes, le comité d'installation a pu faire aux exposants le remboursement de 44 p. o/o des sommes qu'ils avaient versées, et le prix unitaire des emplacements s'est trouvé, par suite, ramené aux chiffres suivants :

Vitrines. (Le mètre courant de façade.). . . . .   224 francs.

Plates-formes.   —   129

Emplacements de l'annexe. (Le mètre superficiel.).   25

A l'intérêt que présentait l'ensemble de la Classe s'ajoutait encore un élément de succès : l'exposition rétrospective qui a constitué la caractéristique de l'Exposition de 1900, montrant le chemin parcouru en cent ans et faisant ressortir l'importance des progrès réalisés au cours du xixe siècle.

L'enseignement qui devait se dégager d'une pareille conception comportait des conséquences philosophiques qui avaient frappé l'esprit supérieur du Commissaire général ;

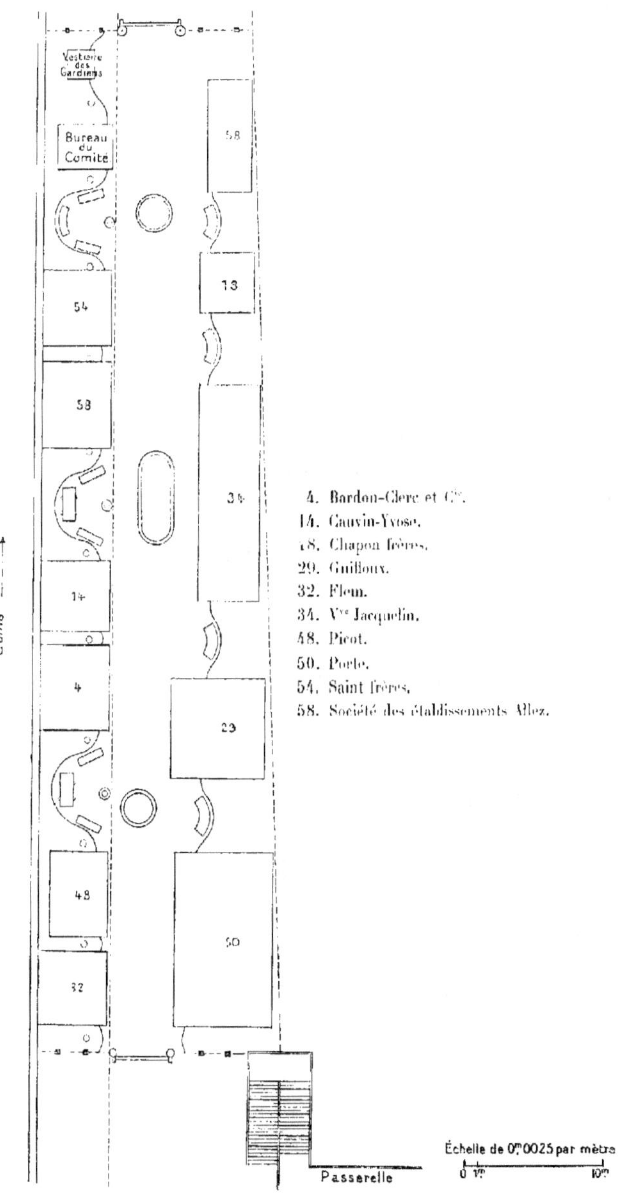

Fig. 2. — Plan de l'annexe, quai Debilly.

on allait ainsi initier la génération actuelle aux efforts persévérants de nos prédécesseurs en vue d'augmenter le bien-être général, but philanthropique heureusement commun à toutes les époques et dont les hommes ne cessent de chercher la réalisation sans jamais se lasser, tant le besoin de perfectionner les conditions de l'existence est une nécessité humaine.

Un programme aussi intéressant ne pouvait manquer de stimuler, s'il en était besoin, l'initiative des organisateurs; tous s'employèrent de leur mieux à réunir des objets propres à éveiller l'attention des visiteurs en leur montrant la gradation du progrès industriel.

Le rapporteur du comité d'installation, M. E. Chapel, avait été spécialement chargé de l'organisation du musée centennal, et les sympathies qui lui étaient acquises lui permirent de rassembler une collection du plus haut intérêt.

Nous remercions ici les collectionneurs qui ont répondu à l'appel de la commission d'organisation et parmi lesquels nous citerons particulièrement : M. Autus (Rémi) qui avait envoyé une malle en peau de cheval, de fabrication italienne, remontant à l'année 1617, et une autre malle ayant appartenu à Mme de Pompadour, pièce d'un caractère historique indéniable, qui a vivement excité la curiosité des visiteurs.

Mlle Laus, de l'Opéra, avait eu l'obligeance de nous confier une malle à dentelles et bijoux, aux compartiments capitonnés de satin blanc et au coffre décoré dans le style florentin, dont la fabrication remonte à 1740.

La maison Maille-Lavolaille exposait une malle de fabrication française portant le millésime de 1630 en clous de cuivre.

M. Vuitton présentait plusieurs modèles de malles de 1850 et 1860.

M. Poate avait envoyé une grande variété de parasols de toutes formes et de toutes dimensions.

Des étuis à chapeau, des valises (1840 à 1855), des gaines diverses avaient été gracieusement prêtés par M. Lucien Wiener, de Nancy, et par M. A. Gontier, architecte de la Classe.

M. Henry avait envoyé la cantine qui avait servi au général Archinard pour ses premières explorations.

La maison Jacquelin exposait le premier lit de campement qu'elle avait établi pour les officiers au moment de la guerre de Crimée.

Mme veuve Villiard nous avait confié un très curieux coffret en bois peint, datant de 1750.

L'industrie du caoutchouc, de date relativement récente, offrait cependant des objets fort intéressants au point de vue de la constatation des progrès réalisés.

On remarquait le moulage d'une femme couchée exécuté sur le sujet vivant. Cette pièce curieuse, qui sort des ateliers de la maison Menier, avait déjà figuré à l'Exposition de 1867; elle appartient aujourd'hui à la Société industrielle des téléphones qui avait bien voulu la mettre à notre disposition. Ce spécimen de fabrication est un

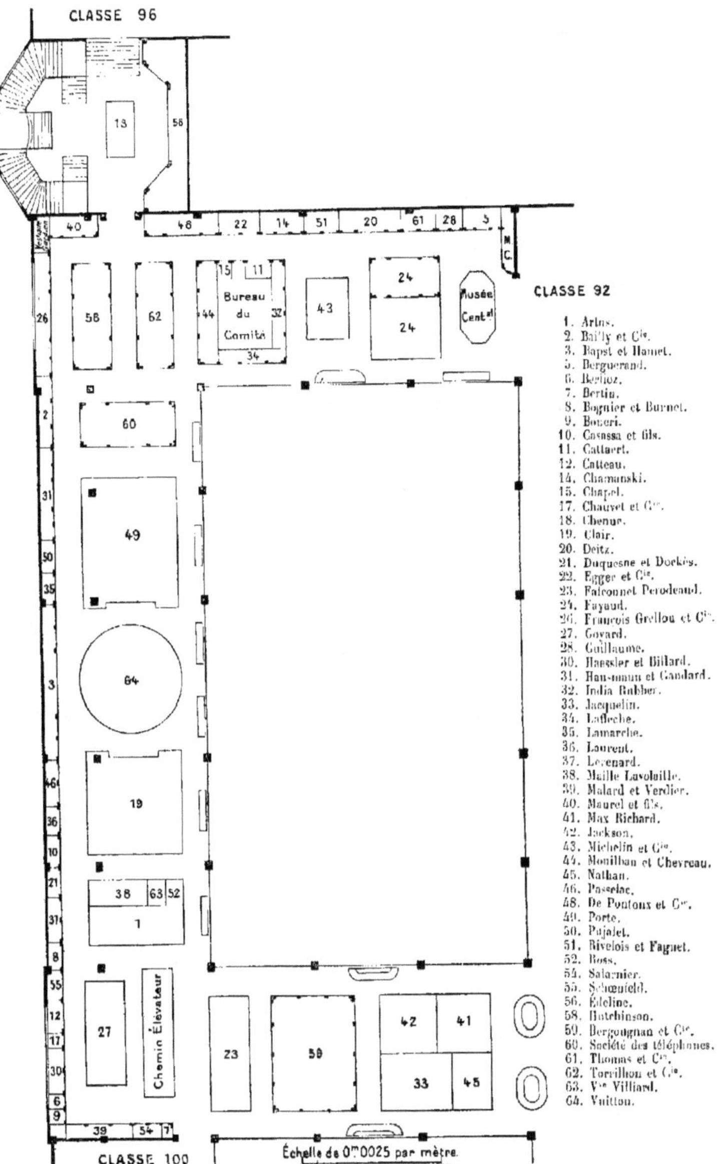

Fig. 3. — Plan de la Classe 99, palais des industries diverses (1er étage).

de ces tours de force industriels qui n'ont guère d'applications pratiques. On sait que pour obtenir une reproduction identique du corps humain on a imaginé, après moulage, d'obtenir une épreuve positive par un enduit de couches de caoutchouc superposées. On est arrivé par ce procédé à représenter, jusqu'à la minutie, le grain de la peau et les plus faibles rides.

Les promoteurs de cette reproduction ne l'ont malheureusement pas conduite à bonne fin. Nous croyons qu'un accident survenu à l'un des moules n'a pas permis d'établir les deux coquilles qui, juxtaposées, devaient donner une épreuve parfaite du corps humain. Le moulage de la face ayant échoué, la contre-partie a seule été exposée, ce qui a obligé, pour la présentation, d'avoir recours à des draperies sur lesquelles on a posé l'empreinte qui, ainsi disposée, donnait l'illusion d'une femme couchée sur le ventre, les bras repliés sur la tête, la face enfouie comme par un sentiment de pudeur instinctive.

Cette tentative fut unique, à notre connaissance; elle n'offre qu'un intérêt de curiosité et, à ce titre, cette pièce avait sa place marquée dans notre musée centennal; elle a été fort remarquée et a provoqué les propos les plus divers.

Notons aussi la belle collection de M. Lamy-Torrilhon qui s'est efforcé de réunir les outils et ustensiles employés par les récolteurs de caoutchouc, ainsi que des gourdes et des chaussures en para naturel avec ornements gravés par les *seringueiros*.

M. E. Chapel avait envoyé des spécimens variés d'une fabrication remontant au début de l'industrie, entre autres un cheval en para pur, type de l'art des récolteurs vers 1842, des marches d'escalier et d'autres articles en caoutchouc fabriqués il y a une quarantaine d'années et présentant un réel intérêt.

Parmi les produits en gutta-percha, signalons les objets si curieux de MM. Falconnet, Perodeaud et Cie, de Choisy-le-Roi, ainsi que ceux de MM. Lerenard, à Alfortville, et Bapst et Hamet, de Paris.

MM. Hecht et Cie avaient envoyé une *Indienne allaitant son enfant*, groupe en caoutchouc brut, spécimen original des connaissances plastiques du récolteur malais.

Une botte sibérienne, gracieusement prêtée par les Établissements Hutchinson, a permis de juger ce qu'était la fabrication des chaussures il y a quarante ans.

Mme Alph. Sriber nous avait confié un plumier gravé qui, par la date de sa fabrication (1850) et sa belle exécution, était un précieux échantillon du travail de cette époque.

Les tissus élastiques étaient représentés par la première machine inventée pour les mesurer, appartenant à M. J. Laflèche: par des jarretières provenant des maisons Vve Fayard fils et gendre, Mouilbau et Chevreau: la maison Bailly (ancienne maison Guyot) avait envoyé une paire de bretelles montées spécialement pour Napoléon III.

Logée au premier étage, la Classe 99 n'a pu répondre à une partie du programme qui lui était indiqué par le règlement. Dans la pensée de M. A. Picard, la manifestation grandiose qui a pris fin avec le siècle, devait être une vaste leçon de choses et montrer à la masse des visiteurs accourus de tous les points du globe, non seulement les produits de la fabrication ancienne comparés à ceux de fabrication moderne, mais encore l'outillage nécessaire à leur préparation fonctionnant sous les yeux de tous et constituant ainsi un enseignement pratique universel.

L'industrie du caoutchouc ne se prêtait pas à la réalisation d'un pareil projet. Indépendamment du poids considérable des outils dont quelques-uns, les calandres par exemple, représentent une masse de plus de 20,000 kilogrammes que les planchers ne pouvaient pas supporter, certaines manutentions ne pouvaient s'opérer sans risques et sans de grands inconvénients.

Les vapeurs sulfureuses qui se dégagent au cours de la vulcanisation auraient fortement nui aux classes avoisinantes; la mise en marche de ces puissantes machines aurait exigé une force motrice considérable, ainsi qu'une abondante production de vapeur sous pression.

Enfin l'espace qui nous était dévolu était beaucoup trop restreint pour permettre l'installation d'appareils compliqués et dangereux, dont il aurait fallu tenir le public à distance convenable.

Aussi malgré tout notre désir de remplir le superbe programme imaginé par notre éminent Commissaire général, force nous fut d'abandonner presque totalement la partie concernant le matériel et les procédés de fabrication.

Nous avons pu cependant faire une exception en faveur de l'industrie du tissage des fils de caoutchouc : la maison Vve A. Fayaud fils et gendre a installé un métier Jacquart à douze bandes, à moteur électrique, qui a marché pendant toute la durée de l'Exposition, fabriquant sous les yeux du public des tissus pour jarretières portant une inscription commémorative.

Une méthode différente, on pourrait même dire l'absence de méthode, avait été observée pour la présentation des produits étrangers; les uns étaient centralisés dans les pavillons des puissances, les autres étaient disséminés dans les sections, soit aux Invalides, soit au Champ-de-Mars ou au Trocadéro où se trouvaient groupées les colonies.

Nous devons une mention spéciale à l'exposition de la Compagnie Russo-Américaine qui avait édifié un pavillon particulier au Champ-de-Mars, dans la partie en bordure de l'avenue de Suffren.

Ce bâtiment, dans le style byzantin, était surmonté d'une coupole représentant des pointes de galoches enchevêtrées systématiquement. A l'intérieur, des reproductions en modèles réduits, mais rigoureusement exacts, des établissements permettaient de juger du bel ordonnancement des bâtiments et des ateliers dans lesquels on retrouvait tous les outils et appareils servant à la fabrication des objets en caoutchouc, véritables miniatures de mécanique fonctionnant par l'électricité.

Au fond enfin, un pittoresque panorama montrait, dans une forêt de l'Amazone, une troupe de *seringueiros* se livrant à la récolte du caoutchouc.

Le succès de la Compagnie Russo-Américaine a été complet, et un public empressé a continuellement rempli son pavillon pendant toute la durée de l'Exposition.

Nous oublions de mentionner que son inauguration avait été faite selon l'usage russe : un office religieux avait été célébré, et nous conserverons le meilleur souvenir du caractère patriarcal de cette simple et touchante cérémonie.

I

LE CAOUTCHOUC ET LA GUTTA-PERCHA.

LE CAOUTCHOUC.

Nous n'apprendrons rien au lecteur en rappelant que c'est en Amérique qu'il faut placer le berceau de l'industrie du caoutchouc; lors de la conquête du Nouveau-Monde, les Espagnols furent émerveillés par l'adresse et l'agilité des Indiens jouant à la *pelote* avec des balles faites d'une substance tirée du lait de certains arbres.

Quelques spécimens de ces balles furent envoyés en Europe et l'élasticité de leur matière provoqua les commentaires des savants. Faute de renseignements suffisants, l'apparence cornée de ces objets leur fit attribuer par quelques-uns une origine animale, et cette erreur s'est perpétuée dans les classes peu éclairées jusqu'à une époque relativement récente.

Ce fut le naturaliste La Condamine qui fixa le monde savant sur l'origine de cette substance qui, on le sait, est extraite du latex exsudé par certains végétaux. A la suite des communications faites par ce savant à l'Académie des sciences, des recherches furent entreprises pour déterminer les propriétés de cette matière qui sollicita plus particulièrement l'attention des Herissant, des Macquer, des Priestley, etc.

Dans les dernières années du règne de Louis XV, quelques papetiers de Paris vendaient, sous le nom de *peau de nègre*, de petits morceaux de caoutchouc que les dessinateurs se prirent à employer de préférence à la mie de pain pour effacer les traces de crayon.

Depuis lors, les usages du caoutchouc se généralisèrent; on l'utilisa dans la préparation de sondes chirurgicales, puis apparurent les chaussures et les premiers vêtements imperméables. Cependant l'accueil favorable que le public avait fait à ces nouveaux articles fut de courte durée. Cette défaveur résultait des inconvénients de la matière même, laquelle, sous l'influence de la chaleur, se décomposait et devenait gluante alors que, d'autre part, exposée au froid, elle prenait la rigidité du cuir desséché.

Ce fut un Américain, Charles Goodyear, qui découvrit le moyen d'obvier à ces défauts en incorporant du soufre au caoutchouc. Cette invention, réalisée en 1840, a permis enfin de tirer un parti extraordinaire du caoutchouc; elle a reçu le nom de *vulcanisation*.

Le procédé de Goodyear consistait à combiner de la fleur de soufre au caoutchouc par malaxage et à traiter le mélange par la chaleur. Cette préparation eut pour résultat d'assurer la constance de l'élasticité du caoutchouc.

Peu de temps après cette découverte. en 1843, un Anglais. Thomas Hancock, imaginait de plonger des lames de caoutchouc dans un bain de soufre en fusion. Ici encore le même résultat fut obtenu. Enfin un autre Anglais, Parkes. inventa. en 1846, un nouveau mode de vulcanisation consistant à tremper les objets en caoutchouc de faible épaisseur dans une solution de sulfure de carbone et de chlorure de soufre.

Les deux premiers procédés nécessitent l'emploi de la chaleur, tandis que le dernier s'effectue à froid.

Ces découvertes successives marquèrent les premiers pas de l'industrie du caoutchouc. Depuis cette époque. aucune découverte importante n'est venue modifier les conditions du travail, sauf en ce qui concerne les perfectionnements apportés à l'outillage: de ce côté, de notables améliorations ont été réalisées. A défaut d'une révolution dans l'industrie, le progrès s'est manifesté par un développement extraordinaire des moyens de production et par des applications mécaniques imaginées en vue de répondre aux besoins les plus divers et quelquefois les plus inattendus.

La fabrication des objets en caoutchouc exige une grande quantité de produits divers pour établir les innombrables articles qui sortent chaque jour des usines.

La matière première constituant la base fondamentale de cette industrie est le caoutchouc, substance obtenue par la concrétion du latex que secrètent une grande variété de plantes des régions intertropicales.

On obtient le latex en incisant les plantes; peu de temps après, il s'écoule de l'incision un suc d'aspect blanchâtre qui, abandonné à lui-même, se divise en deux parties: l'une liquide et troublée qui est sans emploi; l'autre, solide, constitue le *caoutchouc*, que l'on appelle aussi la *gomme*.

Enfin les plantes qui produisent cette merveilleuse substance varient de forme et d'aspect. Tantôt ce sont des arbres dont les dimensions dépassent de beaucoup celles des plus grands spécimens de nos forêts, tantôt ce sont des lianes qui s'enchevêtrent dans un fouillis inextricable et prolongent au loin leur tige frêle et menue en décrivant des courbes ou des volutes du plus gracieux effet.

Les procédés de récolte varient d'une région à l'autre, et c'est ce qui explique les différences entre les nombreuses sortes commerciales.

Le premier rang à la tête des mercuriales appartient à la sorte connue sous le nom de *Para fin;* ce caoutchouc se présente sous la forme de blocs ayant quelque ressemblance avec le pain de munition de l'armée française.

Sans vouloir nous étendre sur les opérations préliminaires qui ont été souvent décrites, nous rappellerons cependant que les pains de Para sont obtenus en traitant chacune des couches qui les composent par la fumée de noix d'*urucury*. qui agit à la fois comme siccatif et comme aseptique. Cette méthode fournit un produit de toute première qualité, exempt d'impuretés et ne contenant qu'une faible quantité d'humidité. C'est le prototype des gommes dont le règne dure encore, mais est menacé de trouver, dans certaines espèces africaines convenablement préparées, une rivalité redoutable.

Viennent ensuite le *mi-fin* ou *entrefin*, puis le *sernamby*, formé des résidus des opérations précédentes, agglomérés en masses informes.

Ces différentes variétés de caoutchouc proviennent du bassin de l'Amazone et de ses affluents. Les expéditions pour le monde entier sont centralisées à Manaos et à Para de Belem.

Fig. 4. — Rameau de *Castilloa elastica* (arbre à caoutchouc du Mexique.)

La production totale pour cette partie du Brésil s'élevait à 15,500 tonnes en 1889; elle a atteint 26,700 tonnes en 1899. On sait que le Gouvernement brésilien frappe ces marchandises d'un droit de sortie de 22 p. o/o *ad valorem;* le prix du para fin étant actuellement de près de 12 francs le kilogramme, on voit l'intérêt fiscal qui s'attache à la production de cette matière.

Ainsi s'expliquent les mesures édictées par les autorités brésiliennes en vue de prévenir la dévastation des forêts. Mais les règlements sévères qui régissent l'exploitation des arbres à caoutchouc ne peuvent être efficaces par suite des difficultés de contrôle.

2.

Le travail dans ces forêts est certainement l'une des manifestations les plus saisissantes de l'âpreté de la lutte pour la vie, car il est essentiellement dangereux et ne peut être entrepris que par des hommes peu soucieux de leur existence; de plus, comme dans la fable, voyons-nous aux prises Bertrand et Raton : les gros bénéfices ne vont pas à celui qui risque sa vie.

Le propriétaire ou concessionnaire d'une partie de forêt (*estrada*) doit tout d'abord recruter un personnel qu'il ne peut attirer qu'avec des avances et en l'indemnisant des frais de route de la côte à l'intérieur. Il doit aussi pourvoir à l'existence de ses aides et se procurer un approvisionnement suffisant pour la durée de la campagne. Il arrive souvent que ses fonds sont ainsi complètement absorbés, et il lui faut alors avoir recours à l'*aviador*, négociant qui lui fournit ce qui lui est nécessaire : *fazendas* ou *estivas* (articles manufacturés ou denrées alimentaires) à un taux usuraire.

Enfin tant bien que mal, et plutôt mal que bien, on s'installe. Les régions les plus riches en arbres à caoutchouc se trouvant dans les parties marécageuses, les récolteurs (*seringueiros*) édifient une hutte sur pilotis, parfois même ils élisent domicile dans le bateau qui les a amenés sur le lieu d'exploitation.

C'est ainsi que les rives de l'Amazone ou de ses tributaires le Madeira, le Purus, le Javary et leurs affluents reçoivent chaque année, à la fin de la saison des pluies, la visite de bandes plus ou moins nombreuses qui viennent troubler le silence de la forêt et lui arracher les trésors qu'elle renferme.

Le travail de l'ouvrier n'est pas pénible : l'incision des arbres, la récolte du latex ne présentent pas de difficultés; seule la préparation des pains de gomme exige de réels efforts surtout lorsque (mais très exceptionnellement) on désire obtenir des blocs énormes en vue de quelque exposition. C'est ainsi qu'on a pu présenter tant à la Classe 99 qu'à la Classe 54 des blocs de para atteignant le poids de 700 kilogrammes.

Mais si, en général, le labeur n'est pas dur, il s'accomplit dans les conditions les plus malsaines, au milieu d'une atmosphère humide, souvent chargée de vapeurs délétères; aussi signale-t-on de nombreux cas de paludisme.

Malgré les bénéfices que prélève l'aviador sur le concessionnaire, malgré la part que se réserve celui-ci, les profits que les seringueiros tirent de leur industrie seraient encore largement rémunérateurs si ces travailleurs n'étaient adonnés à l'ivrognerie pour laquelle ils se ruinent; aussi l'épithète de «seringueiro» est-elle à peu près synonyme de «meurt-de-faim». Malgré le triste renom de cette profession, le nombre des individus qui s'adonnent à la récolte du caoutchouc est assez élevé : on l'évalue à 120,000.

L'espèce végétale qui produit le caoutchouc dans la vallée de l'Amazone est l'*Hevea Guianensis* ou *Brasiliensis*, dont les caractères généraux ont été décrits par Aublet.

Le Brésil fournit encore d'autres sortes qui, quoique sensiblement inférieures au para, sont cependant appréciées par les fabricants; ce sont notamment le *Pernambuco*, le *Maranham*, le *Bahia*, les *Ceara scraps* et les *Virgin sheets* ou *Para blanc*, cette dernière sorte provenant de la province de Matto-Grosso.

Toutes ces variétés ont été décrites, notamment dans l'ouvrage *Le Caoutchouc et la Gutta-Percha*[1], et nous croyons inutile d'insister sur leurs caractères généraux. Nous ferons exception en faveur des *Ceara scraps*. Cette gomme, d'excellente qualité, se présente sous forme de larmes ou de lanières agglomérées les unes aux autres. C'est un

Fig. 5. — Brésilien recueillant le suc de l'*Hevea*.

caoutchouc très élastique, d'une belle nuance ambrée, que produit un végétal particulièrement rustique : le *Manihot Glaziovii*. Cet arbre se plait dans les terrains rocailleux, et la persistance de la sécheresse qui désole quelquefois la région dans laquelle on le

rencontre ne l'affecte pas. Aussi a-t-on songé à l'acclimater dans nos colonies africaines. Nous rendrons compte plus loin des résultats obtenus.

Les États limitrophes du Brésil, la Bolivie, le Pérou, l'Équateur, la Colombie produisent aussi du caoutchouc que les voies fluviales dirigent sur les entrepôts de Manaos
et de Para, où les arrivages se confondent avec ceux de la vallée proprement dite de
l'Amazone.

L'Amérique nous fournit encore d'autres sortes connues sous le nom de *Guayaquil,
Savanilla, Guatemala, Costa-Rica, Salvador, Nicaragua*, etc.

Le Mexique produit aussi des gommes de bonne qualité et serait susceptible d'en
exporter davantage si l'on tirait un meilleur parti des richesses végétales de ce pays.

L'Afrique vient immédiatement après l'Amérique comme importance de production :
la quantité totale des exportations tend à se rapprocher du chiffre de la production
brésilienne.

Les sortes principales sont connues sous les noms de *Boulam, Gambie, Sierra Leone,
Liberia, Accra biscuits, Niggers, boules* et *langues du Gabon, Lopori, Kassaï, cakes du Congo,
Benguelas, Uelés, thimbles, Loanda, Mozambique* en boules ou en fuseaux, *Madagascar*
blancs et roses, etc.

Il est à remarquer que sous ces désignations se trouvent des sortes que l'on recevait,
il y a une dizaine d'années, sous d'autres dénominations. Ces changements de noms
résultent des modifications survenues dans les relations commerciales. Précédemment,
le caoutchouc du centre de l'Afrique était acheminé vers la côte où se trouvaient
les factoreries. Mais, depuis quelques années, les traitants n'ont pas hésité à fonder des
comptoirs dans l'intérieur des terres, résultat naturel des voyages de pénétration entrepris par les hardis explorateurs de notre époque.

Ce déplacement des marchés a eu pour conséquence de faire rayonner la civilisation
dans des centres réputés inaccessibles et d'initier les indigènes aux méthodes de récolte les plus propres à améliorer les procédés de coagulation du latex.

Il ne manque plus, pour parachever la conquête du continent noir, qu'à établir un
réseau de voies ferrées mettant en communication les centres principaux avec les entrepôts de la côte, car la navigabilité des fleuves et des rivières est trop entravée pour
espérer utiliser les grandes artères fluviales. Le développement des moyens de communication aura pour résultat de diminuer considérablement les frais de transport et conséquemment le prix du caoutchouc.

On sait qu'actuellement les transports se font dans les conditions les plus onéreuses
par les nègres portant sur la tête une charge n'excédant pas 25 kilogrammes, avec
laquelle ils font à peine 30 kilomètres en moyenne par jour. Une tonne de caoutchouc
nécessite donc un convoi de quarante hommes sans compter l'escorte ni les femmes qui
souvent accompagnent les porteurs. Ajoutons aux difficultés de nourrir une troupe aussi
nombreuse les périls du voyage, les droits de passage, les risques de pillage, etc., et
l'on comprendra l'obligation pour les caravanes de faire parfois des détours considérables. Dans une région où le fatalisme est un dogme, le temps ne compte pas; aussi

Fig. 6. — Lianes à caoutchouc, forêt de Ziguinchor (Afrique occidentale).

les caravanes suivent-elles les routes de moindre résistance de préférence à celles de moindre distance. Sur ce point, les nègres n'admettent pas comme nous l'axiome de la ligne droite.

Les efforts faits par les différents États qui ont établi leur autorité sur les régions africaines, ont eu pour objet d'assurer la sécurité des communications, et les résultats obtenus correspondent exactement à l'importance du mouvement commercial.

L'Asie et la Malaisie fournissent des sortes fort appréciées, telles que le *Bornéo*, l'*Assam*, le *Java*, le *Penang*, le *Rangoon*, le *Laos*, etc.

La Nouvelle-Calédonie serait susceptible de fournir sa part de l'approvisionnement, elle renferme une quantité notable d'arbres à caoutchouc, et quelques envois d'essai ont déjà été acheminés vers la métropole.

Les meilleures gommes sont celles qui se distinguent par l'homogénéité, la translucidité, et surtout par le *nerf*. Longtemps on a délaissé les caoutchoucs dits *gutteux*, c'est-à-dire tenant à la fois du caoutchouc et de la gutta, en ce sens qu'ils ont une faible élasticité et qu'ils gardent les empreintes qu'on peut faire à l'aide d'un corps dur. C'est précisément ce manque de nerf et cette plasticité excessive qu'on leur reprochait. Mais les hauts cours atteints par les gommes en général ont incité les fabricants à chercher les moyens d'utiliser les sortes restées jusqu'en ces derniers temps sans valeur.

Le *Bornéo mort* est un caoutchouc gutteux que l'on reçoit en quantités assez importantes et que l'on est parvenu à traiter malgré sa friabilité et sa contexture grenue, assez semblable à celle du carton.

L'emploi de ces qualités inférieures, qui s'est généralisé depuis l'Exposition de 1889, nous autorise à émettre l'hypothèse que, dans un avenir prochain, on pourra tirer parti des produits plus ou moins résineux de certaines essences forestières de nos régions tempérées.

Cette innovation mérite d'être signalée; elle montre le chemin parcouru depuis une dizaine d'années et se trouve en contradiction formelle avec la méthode de nos devanciers, qui avaient proscrit de leurs mélanges les produits résineux.

Erreur au delà, vérité en deçà; l'intérêt selon les époques dicte les sentences; nous avons le devoir d'enregistrer les faits, mais nous ne cacherons pas notre préférence pour des articles en caoutchouc fabriqués avec... du bon caoutchouc.

Nous évaluons la production totale du globe à 55,000 tonnes de 1,000 kilogrammes se décomposant comme suit :

Amérique.....	Para...........................	26,700	} 32,000 tonnes.
	Autres sortes américaines...........	5,300	
Afrique......	Colonies françaises............	3,000	} 19,000
	Autres sortes africaines.........	16,000	
Asie et Océanie. — Différentes provenances................			4,000

En attribuant au caoutchouc une valeur moyenne de 7 fr. 25, le cours du para oscillant entre 11 et 12 francs, la récolte générale de ce précieux produit représente donc une valeur de 400 millions de francs.

Ces chiffres rapprochés de ceux que nous avons présentés en 1889 (30 millons de kilogrammes) sont la preuve irréfutable de l'extension prise par l'industrie du caoutchouc, extension qui, dans une période de dix années, se traduit par une augmentation presque égale au double de la production antérieure.

Avant de clore cet exposé plus particulier à la gomme, nous signalerons, une fois encore, les regrettables agissements des récolteurs qui continuent à n'obéir qu'à leur passion effrénée de lucre : non contents de se livrer aux fraudes les plus éhontées, ils mutilent les plantes pour en obtenir les plus forts rendements sans aucun souci de l'avenir.

Les diverses manières de frauder la gomme consistent à mélanger au caoutchouc fraîchement coagulé soit de la terre, du sable ou des débris végétaux; enfin un autre mode d'adultération a pour effet d'emprisonner dans la masse du caoutchouc une notable quantité d'eau ou de sérum provenant de la dissociation des éléments du latex. Pour dissimuler ces agissements répréhensibles, les récolteurs s'attachent à donner à l'enveloppe extérieure l'aspect d'une qualité irréprochable. Ces pratiques regrettables, alors surtout que la marchandise est vendue au poids, ont rendu les acheteurs méfiants et les ont amenés à faire couper en deux chaque morceau de gomme pour établir la valeur des lots qui leur sont offerts.

Dans certaines régions, les exigences des acheteurs ont eu raison des traditions frauduleuses des indigènes: c'est ainsi qu'au Para et dans l'État indépendant du Congo on est parvenu, tantôt par la persuasion, tantôt par la répression, à faire disparaître ces abus.

Il nous faut encore signaler les déplorables errements des récolteurs qui recueillent indistinctement les latex de végétaux très différents, sans souci du produit qui résulte de ces mélanges. Ces pratiques ne procèdent pas d'une intention coupable, elles résultent de l'insuffisance des connaissances de l'indigène qui cherche à produire le plus de matière possible en tirant parti des espèces végétales à sa portée, quelque dissemblables qu'elles soient. Cette méthode est regrettable, en ce sens que les éléments les meilleurs ne bonifient pas ceux de moindre qualité; c'est précisément le contraire qui se produit.

Mais soit qu'on envisage l'un ou l'autre cas, fraude avérée ou mélange inconscient des sucs, on peut espérer corriger ces agissements, c'est une question de contrôle et de surveillance.

Autrement grave est la menace de disparition des espèces végétales.

Livré à lui-même, au milieu des forêts séculaires, l'indigène qu'aucun règlement ne peut toucher, donne libre cours à son désir de lucre; sans se préoccuper du lendemain, il entaille les plantes au point de compromettre leur existence; non content de ce que peuvent donner des saignées répétées, le récolteur insatiable préfère jeter bas les arbres pour en tirer la totalité du suc qu'ils renferment; de même les lianes sont hachées plutôt que coupées, et en quelques jours un emplacement est ruiné à jamais si des rejets ne jaillissent des souches sous l'influence de la luxuriance de la végétation.

Fig. 7. — Commerce du caoutchouc sur la côte occidentale d'Afrique.

Malheureusement, dans ce duel engagé entre la nature et l'homme, celui-ci apporte une telle âpreté, un tel acharnement, que la forêt, sous les coups répétés d'un ennemi implacable, voit en peu de temps disparaître les espèces végétales qui constituaient son incomparable valeur.

C'est de ce côté qu'il y a beaucoup à faire.

On s'est préoccupé depuis longtemps déjà d'entreprendre des plantations, et différents États ont créé des jardins d'essais dans lesquels on a procédé à des études comparatives de plants et à des tentatives d'acclimatation, afin de faire profiter les colons des observations et des expériences enregistrées par les savants placés à la tête de ces établissements. Les Gouvernements français, anglais et hollandais sont entrés dans cette voie, et les jardins de Libreville, Saïgon, Ceylan et Buitenzorg ont acquis une réputation hautement justifiée par les services qu'ils ont rendus.

Depuis fort longtemps on avait cherché à acclimater dans certaines régions l'*Hævea Brasiliensis,* mais les tentatives faites dans ce sens ne paraissent pas avoir donné de résultats appréciables.

Plus récemment, on a renouvelé ces essais en prenant comme sujet le *Manihot Glaziovii,* dont la rusticité signalée par M. James Collins, le botaniste anglais si connu, paraissait devoir se prêter d'une manière particulièrement favorable aux tentatives d'acclimatation. Nous-même nous avons fondé le plus grand espoir dans la culture du *Manihot Glaziovii* que nous avons recommandé avec une sincérité n'ayant d'égale que la haute autorité sur laquelle nous avions appuyé notre opinion.

L'acclimatation de ce végétal a parfaitement réussi dans différentes régions africaines, mais le caoutchouc qu'il produit ne correspond pas à la qualité du type américain; de ce côté, le succès n'a pas répondu aux espérances que l'on avait pu concevoir.

C'est à la suite de cette constatation que nous avons été amené à modifier notre avis et que nous en sommes arrivé à nous demander s'il ne conviendrait pas mieux de chercher à utiliser d'une manière rationnelle les espèces indigènes, après toutefois s'être livré à une sélection permettant de déterminer le végétal le plus propre à fournir le meilleur rendement en qualité et en quantité.

En agissant ainsi, le problème est déjà simplifié; et n'est-on pas fondé à considérer comme certaine la réussite de la culture de plantes tout acclimatées et pour lesquelles les conditions d'habitat, de sol et de climat sont observées tout naturellement? Quant au choix, il appartiendra à nos botanistes des stations coloniales de procéder à la sélection et de désigner le type qui leur paraîtra réunir les conditions les plus favorables pour que l'on puisse entreprendre, en quelque sorte à coup sûr, des plantations destinées au plus bel avenir.

Est-ce à dire que notre proposition doive être accueillie sans réserve? Nous-même nous n'envisageons pas la solution du problème d'une façon aussi absolue, d'autant moins que la méthode de préparation des gommes peut, elle aussi, avoir une influence sur la détermination des espèces végétales qu'il convient de propager. En effet, des travaux récents, des observations nouvelles ont fait entrer la question dans une nouvelle phase et nous croyons devoir insister sur la corrélation qui existe entre ces deux points : culture et récolte.

L'importance de cette question nous oblige à entrer dans quelques développements, à rappeler les anciens procédés de récolte et à les comparer à ceux découverts ou proposés depuis peu.

Les divers modes de coagulation du caoutchouc, avons-nous dit, varient d'une région à l'autre; les principaux sont : l'enfumage, l'évaporation naturelle ou artificielle, le traitement par une solution acide ou alcaline.

La supériorité du caoutchouc de l'Amazone a été attribuée non seulement à la qualité propre du latex, mais encore au mode de préparation de la gomme. Le fumage du caoutchouc est, ainsi qu'on l'a fait remarquer, un traitement aseptique, au cours duquel les éléments fermentescibles sont neutralisés.

Au contraire, les caoutchoucs préparés en faisant évaporer le sérum par l'ébullition ou en le laissant absorber par le sol, ou bien encore les gommes obtenues par coagulation spontanée, c'est-à-dire en abandonnant le latex à lui-même, ces caoutchoucs, disons-nous, sont exposés à des altérations que redoutent particulièrement les fabricants qui, pour désigner cette décomposition, disent que la gomme *tourne au gras*; enfin ces caoutchoucs ont une odeur désagréable, parfois nauséabonde.

L'expérience nous a appris que tous les caoutchoucs naturels sont exposés à se décomposer sous l'influence de certaines conditions, principalement sous l'action de la chaleur, mais on a remarqué que les gommes obtenues soit par enfumage, soit par des solutions alcalines ou acides, avaient une tendance à mieux se conserver. Cette observation a eu pour conséquence de faire envisager les avantages que l'on aurait à aseptiser le latex. Aussi, lorsque le général de Trentinian organisa une expédition de savants et de spécialistes pour étudier et déterminer les richesses que recèle le Soudan, un de nos confrères, M. Hamet, attaché à la mission, résolut d'entreprendre des essais dans cette voie.

M. Hamet réunissait les qualités les plus propres à mener à bien la tâche qui lui était dévolue. Ingénieur des arts et manufactures (E. C. P.), associé de la maison Bapst et Hamet, il joignait à ses notions scientifiques des connaissances professionnelles acquises par une longue pratique. Notre compatriote pensa, avec juste raison, qu'entre le moment où s'épanche le latex et son traitement pour en séparer la gomme, il s'écoulait un temps suffisant pour que les ferments puissent agir sur la masse. Aussi eut-il l'idée de traiter le latex au moment même de son émission par diverses solutions aseptiques; celle qui lui donna les meilleurs résultats fut une solution au formol au $\frac{1}{500}$; le gaïacol, le salol, l'acide thymique employés au $\frac{1}{200}$ lui donnèrent aussi de bons produits, ainsi que l'ammoniaque au $\frac{1}{100}$. Le latex ainsi traité pouvait être conservé à l'air libre pendant plusieurs jours sans subir d'altération. Le délai ainsi obtenu permettait de convoyer les sucs au centre de l'exploitation et de leur faire subir une opération qui n'avait pas encore été tentée.

Se basant sur la différence de densité des matières contenues dans le latex, M. Hamet imagina de dissocier les éléments qui le composent par l'action de la force centrifuge.

A cet effet, il construisit un appareil établi d'après le principe de l'écrémeuse Alexandra, mais en différant légèrement en ce sens que le distributeur se meut en projetant le liquide contre les parois d'un récipient tournant en sens inverse et à une vitesse beaucoup plus grande.

Ainsi que le fait remarquer M. Hamet, le liquide, dont les éléments se sont classés par ordre de densité, subit un arrêt qui permet aux éléments les plus denses de se séparer au fond. Les globules de caoutchouc se déposent sur les parois du bol et le mouvement de celui-ci traite à nouveau le liquide appauvri et continue la séparation commencée dans le distributeur. L'évacuation du sérum se fait à l'aide d'un syphon. L'écoulement du latex dans l'appareil s'établit par régime au moyen d'un flotteur, comme dans les turbines destinées à traiter les laits de provenance animale.

Le caoutchouc coagulé est ensuite retiré de l'appareil, mais comme il contient encore une certaine quantité d'eau qui n'a pu être éliminée, emprisonnée qu'elle a été au fur et à mesure de la formation des couches imperméables, M. Hamet recommande de soumettre la masse à une forte pression, ce qui a pour effet de faire disparaître toute trace d'humidité et d'agglomérer la matière en un tout parfaitement homogène. Cette dernière opération a la double conséquence de déterminer une dessiccation presque absolue en même temps qu'une très notable amélioration de la qualité.

Par une coïncidence curieuse, au moment où notre compatriote appliquait le principe de la turbine à la coagulation du caoutchouc, un Anglais, M. Biffen, de Cambridge, obtenait les mêmes résultats au Brésil, avec un appareil analogue qu'il qualifiait de *centrifugeur*. Exemple frappant de la fréquente simultanéité de découvertes dues à la rencontre fortuite des idées de savants attachés à la solution des problèmes posés constamment par les besoins de progrès du mouvement industriel.

L'application de moyens mécaniques à la préparation du caoutchouc avait déjà été indiquée, notamment par M. Ph. Rousseau qui, le premier, a entrepris d'obtenir la coagulation du latex par agitation. S'inspirant du procédé antique usité pour la fabrication du beurre, M. Rousseau avait imaginé un système de barattage dont il a été rendu compte dans un ouvrage que nous avons déjà cité[1]. Ces tentatives, entreprises il y a une dizaine d'années au Venezuela, ont été reprises en 1895 par M. Bonéry, négociant à Dubreka, qui opérait sur le latex de landolphia. Aimé Girard, auquel nous devons de très intéressants travaux sur la matière, avait proposé également, pour l'extraction de la gomme, le barattage à une température favorable, qu'il fixait à 50 degrés centigrades.

La coagulation par turbinage a été essayée pour la première fois au commencement de l'année 1899. Depuis lors, de nouvelles tentatives ont été faites qui n'ont pas toutes été concluantes, si nous en croyons une communication insérée dans le *Mouvement géographique* de Bruxelles. A la date du 13 mai 1900, ce journal annonçait que M. Schlechter, opérant dans le Sud du Cameroun sur du latex de *Kickxia*, avait cherché à le coaguler par turbinage, mais que cette méthode, outre une grande dépense de travail,

[1] *Le Caoutchouc et la Gutta-Percha*, par E. Chapel.

ne donnait qu'un résultat incomplet, le suc traité contenant encore 10 p. 100 de caoutchouc après l'opération. Il est à présumer que l'appareil dont disposait M. Schlechter ne présentait pas les avantages de l'écrémeuse Hamet.

Quoi qu'il en soit, il résulte de ce qui précède que le traitement aseptique du latex permet d'obtenir des caoutchoucs d'excellente qualité dans un état de pureté qui simplifie beaucoup les opérations préliminaires du déchiquetage. Considérée à ce point de vue, cette méthode constitue déjà un notable progrès qu'il était de notre devoir de mentionner.

Jusqu'ici les méthodes décrites procèdent d'un même principe : l'incision des végétaux et le captage du latex; c'est, en un mot, le système d'exploitation à pied d'œuvre. Il nous faut rendre compte maintenant des essais faits d'après des données absolument différentes.

A la fin de l'année 1897, M. A. Sriber, président de la Chambre syndicale des caoutchouc, gutta-percha, etc., recevait du président de la Chambre de commerce de Saïgon, M. Rolland, un envoi d'écorces provenant d'une liane fort abondante, paraît-il, au Laos. Ces échantillons furent soumis à plusieurs membres du Syndicat, et l'un d'eux, M. Hamet, déjà nommé, entreprit de traiter ces écorces dans un autoclave par une solution alcaline, la soude, en l'espèce, qui désagrège la cellulose, la paracellulose et la vasculose sans attaquer le caoutchouc dont l'agglomération s'effectue sous l'influence de la chaleur.

On chercha aussi à appliquer le procédé Serullas déjà employé pour extraire la gutta des feuilles, brindilles et rameaux de l'*Isonandra,* mais le traitement des écorces à caoutchouc par le sulfure de carbone ou par le toluène ne donna pas de résultat. Enfin, et ceci ne constitue qu'une variante, on eut recours à divers agents, tels que l'acide sulfurique ou l'acide chlorhydrique pour réduire la partie ligneuse et isoler la gomme.

De ces divers essais ressortait une indication nouvelle : la possibilité de traiter les écorces. C'est en envisageant la question à ce point de vue que MM. Arnaud, Godefroy-Lebœuf, Verneuil et Wery imaginèrent d'extraire la gomme par des moyens exclusivement mécaniques. Le procédé employé par ces messieurs consiste à soumettre les rameaux et brindilles, desséchés ou non, à l'action de pilons, meules, laminoirs, etc., avec addition d'eau courante, pour isoler les parties ligneuses qui, réduites à l'état pulvérulent, se séparent du caoutchouc; celui-ci finalement s'agglutine en une masse spongieuse. L'épuration absolue est réalisée ensuite par les moyens usités dans la fabrication courante.

Ici encore, il semble exister une certaine analogie avec le procédé de MM. Arnaud. Barbouteau et Houssal pour le traitement mécanique des rameaux et feuillages d'arbres à gutta, procédé dont il a été rendu compte à la Chambre syndicale, à la séance du 11 octobre 1892[1].

---

[1] *Recueil des procès-verbaux des séances du Comité central des Chambres syndicales,* vol. XXIII, 1892. p. 311.

Ajoutons enfin que les essais faits avec les écorces provenant de différents végétaux, tels que *Landolphia*, *Hancornia*, *Vahea*, *Urceola*, ont donné d'excellents résultats. Nous dirons même que l'*Hancornia* est en quelque sorte le type indiqué pour ce traitement par suite de la friabilité de son écorce; celle du *Landolphia* est plus filamenteuse et se prête moins bien à l'opération du concassage et du broyage.

Fig. 8. — Rameau de *Landolphia*.

Les écorces des genres *Hevea*, *Castilloa* et *Ficus*, par contre, ne paraissent pas s'accommoder de cette méthode; les résultats obtenus jusqu'à présent ont été à peu près nuls.

Nous ne cacherons pas la faveur que nous croyons devoir témoigner à ce procédé mécanique; nous souhaitons qu'il se généralise, car son application aura, croyons-nous, les conséquences les plus heureuses pour la conservation des espèces végétales. Il reste à savoir si des difficultés locales n'empêcheront pas le succès d'une méthode qui, à première vue, paraît réaliser un sérieux progrès.

La décortication des arbres ou des lianes, analogue à la cueillette du liège ou des rameaux de mûrier, ne semble pas présenter de grandes difficultés : c'est un travail infiniment moins pénible et moins long que le mode actuel, qui comprend la taille, le transport et la mise en place des calebasses, le traitement du latex et enfin la confection des boules ou des plaques.

Cette simplification sera certainement accueillie favorablement par les récolteurs et, alors que leur résistance à perfectionner les procédés de préparation de la gomme a découragé les plus tenaces, nous nous plaisons à croire que les indigènes ne tarderont pas à adopter une méthode en si parfaite harmonie avec leur paresse proverbiale.

La cueillette des écorces, même opérée sans soin, n'aura pas les conséquences déplorables que présente le mélange des sucs. En effet, avant de soumettre les écorces au broyage, on pourra préalablement faire le triage des sortes dont les dissemblances seront aisément perçues par des travailleurs exercés à séparer les variétés, dont, avec la pratique, ils discerneront bientôt les différences de caractères.

Il résulte donc de ce qui précède que ces innovations dans la préparation des caoutchoucs peuvent et doivent avoir une influence sur le choix des végétaux destinés à former le fonds des cultures.

Quant à la nécessité d'entreprendre des plantations, aucune objection n'est possible, car, faute d'assurer la conservation des espèces, on devra s'attendre à manquer de matière première. Nous avons relaté les mesures prises par certains États pour pallier à une situation si grosse de conséquences.

Dans les principaux jardins botaniques on s'est livré à des essais nombreux et, d'autre part, l'initiative privée s'est exercée à constituer des pépinières. C'est ainsi que nous avons vu, depuis quelques années, s'établir un commerce de graines de plantes à caoutchouc, commerce qui a pris une réelle importance. Un horticulteur de Paris, M. Godefroy-Lebœuf, qui s'est acquis une légitime réputation dans ce genre d'affaires, a importé en France, dans le courant de l'année 1899, environ deux millions de graines d'espèces diverses qui ont servi à créer de nouvelles plantations. Le prix des graines varie de 18 à 20 francs le mille; une caisse du volume d'un mètre cube contient environ 180,000 graines, avec lesquelles, à raison de 500 plantes par hectare, on ensemencerait une superficie de 360 hectares. L'écartement nécessaire donne la possibilité de planter dans les intervalles d'autres arbustes, afin de tirer parti de la totalité du terrain.

La culture des plantes à caoutchouc est certainement une des exploitations les plus lucratives. Nous estimons le rendement annuel de 500 arbres, au bout de sept ans, à 200 kilogrammes, et ce rendement ne peut qu'augmenter par la suite. Une plantation de 100 hectares donnerait annuellement vingt tonnes de caoutchouc qui, estimé à 5 francs le kilogramme, rapporterait 100,000 francs. Et de plus, nous l'avons dit, on peut conduire simultanément la culture d'autres plantes, telles que caféiers, quinquinas, cacaoyers, etc., qui augmenteraient notablement ce rapport.

La main-d'œuvre nécessaire est relativement peu importante et peu coûteuse. Le délai de sept ans indiqué comme minimum avant l'exploitation régulière ne saurait exclure toute idée de rendement avant cette date. On sait que, dans toute pépinière, il se produit un déchet qui oblige à faire les semis dans des proportions plus grandes que le nombre des sujets dont on prévoit la réussite. De même pour les plantations d'arbres à caoutchouc, il conviendra de semer une quantité de graines triple ou quadruple afin de se prémunir contre les défections que peuvent produire le défaut de germination, les maladies ou la mortalité.

Les types les mieux venants devant seuls être conservés, il y aura lieu de procéder à l'arrachage des arbustes qui gêneraient le développement de leurs voisins. Cette sélection, opérée partiellement chaque année, au début de la plantation, permettra de tirer parti des arbres appelés à disparaître et susceptibles de fournir un rendement déjà appréciable dès la troisième année. Grâce à cette méthode, la plantation subviendra aux dépenses de l'entreprise et assurera l'existence du colon et de ses aides.

On serait tenté de croire que, pour mener à bien une œuvre semblable, une mise de fonds importante est nécessaire: c'est une erreur qu'il convient de dissiper. On obtiendra de merveilleux résultats avec un faible capital destiné à parer aux dépenses inévitables du début: ce qu'il faut surtout, c'est la santé, de l'énergie et de la persévérance. Incontestablement, la vie du colon n'offre pas les distractions et le charme de nos boulevards. Mais quelle rude école pour former des hommes qui, à leur retour dans la mère-patrie, rapportent non seulement les richesses acquises, mais un fonds d'expérience qui a bien aussi sa valeur.

Ce ne sont pas les terres qui manquent, le Gouvernement français favorise ces tentatives que nous souhaiterions voir plus nombreuses. Et que l'on ne s'effraie pas du renom d'insalubrité des régions tropicales; rien du reste n'oblige à s'installer dans les contrées malsaines, rien n'empêche de fixer le champ d'exploitation dans les parties salubres des territoires encore inoccupés. La régularité de l'existence et l'observation des règles de l'hygiène prévaudront contre le changement de climat. Au surplus, le colon doit borner son action à un rôle de surveillance. Il affirmera sa suprématie par une initiative éclairée, et le rôle qu'il jouera dans un milieu encore barbare aura les résultats les plus favorables au point de vue de la civilisation.

Nous avons jugé utile de nous étendre sur ce sujet et notre insistance nous sera pardonnée si l'on veut bien admettre qu'en prenant à tâche de servir les intérêts particuliers nous avons surtout pour but de concourir au bien général. Plus nombreuses seront les tentatives que nous exhortons nos compatriotes à entreprendre, plus grands seront les résultats et plus important enfin sera le rayonnement de l'influence française dans des régions que nos armes ont su conquérir, mais que la sûreté et l'aménité de nos relations doivent nous attacher pour toujours.

Une conséquence à tirer de l'exploitation de notre domaine colonial serait certainement d'acheminer vers les ports français les envois de gomme dirigés actuellement sur Liverpool, Londres ou Anvers, qui sont, avec Hambourg et Amsterdam, les principaux centres de transactions en Europe. Les arrivages à Marseille, le Havre, Nantes ou Bordeaux sont loin d'avoir l'importance des expéditions sur les ports précités.

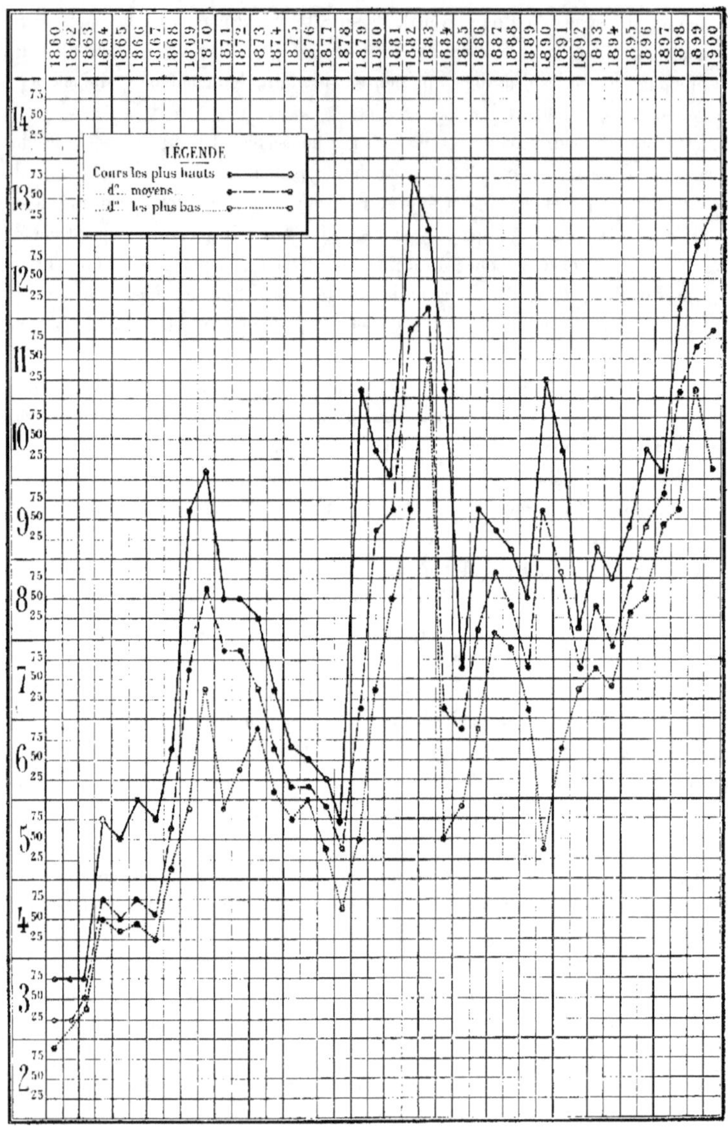

Fig. 9. — Écarts des cours de 1860 à 1900.

Des différentes places d'importation, Anvers est la dernière en date, mais son rôle est rapidement devenu considérable, en raison du développement de la production congolaise. Les Belges dont les aptitudes commerciales sont justement réputées ont, par patriotisme, rompu avec les traditions qui donnaient à Londres le monopole des grandes ventes. Les négociants belges ont dirigé leurs envois de caoutchouc sur Anvers, pensant avec raison qu'à une époque où la consommation était devenue si intense, les acheteurs les suivraient dans ce mouvement de décentralisation. Les événements ont prouvé la justesse de leurs prévisions et le marché d'Anvers a pris maintenant une importance que nous nous faisons un devoir de reconnaître.

Nos souhaits ne tendent qu'à voir se créer en France un entrepôt des caoutchoucs français tout au moins et nos préférences sont pour le Havre, en attendant qu'on ait réalisé le projet de Paris port de mer.

Les ventes se font en général publiquement; à Anvers, il y est procédé par voie d'inscription ainsi du reste qu'à Amsterdam et Rotterdam, quoique, dans ces dernières places, les enchères à la criée soient également admises.

Suivant l'usage, les achats en vente publique sont réglés au comptant; ils sont généralement faits par des négociants, intermédiaires entre les importateurs et les fabricants.

D'après les usages commerciaux établis en France, les gommes, vendues habituellement sur échantillons, sont livrées franco de port et d'emballage à l'usine du fabricant où il est procédé à la vérification de la qualité et du poids de la marchandise en présence de l'acheteur et du vendeur ou de leurs représentants. Les payements ont lieu à 90 jours sans escompte.

Nous avons montré l'accroissement considérable de la production qui, de 30,000 tonnes en 1889, est passée à 55,000 tonnes. Malgré l'augmentation des arrivages, les prix sont restés fort élevés. On sait que, dans les mercuriales, c'est la sorte para-fin qui tient la tête et sert de régulateur pour les autres sortes; les différences entre les premières qualités de caoutchouc africain et le para tendent cependant à se combler, et les fabricants ont moins qu'autrefois la ressource de remplacer une sorte par l'autre; mais le para, considéré à juste titre comme le prototype des gommes, obtiendra toujours une préférence sur les autres provenances, surtout quand la différence des cours sera peu sensible.

Nous présentons les écarts des cours depuis quarante ans dans le diagramme ci-contre, p. 34.

Ce diagramme montre la progression constante suivie par les cours qui, par bonds successifs, se sont élevés au taux actuel. Des chutes brusques d'une année à l'autre sembleraient dérouter l'observateur; ces écarts sont dus à des conditions particulières : pronostics de récolte, diminution des demandes, etc. C'est encore à la spéculation qu'il faut attribuer les fluctuations des cours. Nous rappellerons que ce sont les agissements d'un syndicat qui ont déterminé la hausse considérable qui s'est maintenue sur les prix pendant les exercices 1882-1883 et qui a failli provoquer une crise que l'on a craint

un moment ne pouvoir conjurer. C'est alors que pour la première fois les fabricants ont
cherché à s'unir pour la défense des intérêts communs, mais sans succès, l'entente générale n'ayant pu se réaliser. Depuis deux ans, les cours se sont repris à monter d'une
manière très inquiétante et les industriels ont vu avec regret ce nouveau mouvement
de hausse. Cette fois, comme précédemment, ils ont encore cherché à pallier aux difficultés de la situation en se concertant, mais sans pouvoir encore parvenir à un accord.

Fig. 10. — Déchiquetage du caoutchouc.

On conçoit dans ces conditions l'importance qui s'attache à l'emploi des succédanés
du caoutchouc. Dans cet ordre d'idées, la première place revient à un produit dénommé
le *factice* et que les traités de chimie signalent sous la désignation de caoutchouc des
huiles. Ce produit est effectivement obtenu en traitant certaines huiles, principalement
les huiles de lin ou de colza soit à froid par le chlorure de soufre, soit par le soufre
seul sous l'influence de la chaleur.

Ce produit, quoique mou, ne saurait présenter les avantages du caoutchouc avec lequel
il n'a qu'une analogie apparente, mais il peut remplacer une certaine partie de gomme
et réduit ainsi sensiblement le prix de revient des mélanges sans les alourdir; sa valeur
propre varie de 0 fr. 85 à 2 francs le kilogramme selon la qualité.

Cette substitution n'est pas la seule à laquelle on ait recours : les déchets de caoutchouc sont plus recherchés que jamais, grâce aux perfectionnements apportés dans leur
traitement; aussi leur valeur a considérablement augmenté : ainsi les déchets de fil ou
de dilaté qui valaient autrefois 100 francs les 100 kilogrammes trouvent maintenant
acheteurs à 600 francs. Cependant les déchets *chargés* n'ont pas suivi une marche as-
cendante aussi accentuée, les articles dont ils proviennent étant eux-mêmes établis avec
des compositions dans lesquelles les factices et les déchets entrent pour une forte proportion.

Ces déchets réduits en poudre et traités à chaud par diverses huiles sont incorporés dans les mélanges sans apporter aux produits de la fabrication les avantages de la gomme naturelle. Aussi cherche-t-on toujours un procédé de dévulcanisation du caoutchouc. Ce problème, qui a sollicité l'attention de bien des savants, n'est pas encore résolu.

Quelques-uns de nos confrères sont d'avis que cette solution est irréalisable et ils justifient cette opinion en faisant observer qu'on n'a jamais pu extraire du pain la farine qui a servi à sa préparation. Ainsi envisagée, la question tendrait à démontrer que de la vulcanisation résulte bien la combinaison du soufre avec le caoutchouc. C'est la condamnation de la théorie de la juxtaposition qui avait été émise il y a un demi-siècle.

Comme la chimie est parvenue à séparer des corps qu'elle avait unis, il est permis d'espérer que par elle on trouvera le moyen de dévulcaniser le caoutchouc sans que ce résultat soit obtenu au détriment de l'élasticité, car, autrement, la solution serait peu importante au point de vue professionnel.

Outre la gomme et ses succédanés, l'industrie du caoutchouc emploie encore diverses matières pour la fabrication de ses produits. Une des principales est le soufre que nous tirons de Sicile et que nous employons à l'état raffiné soit en fleur pour être incorporé dans les mélanges, soit en canons pour alimenter les chaudières de vulcanisation au bain ; viennent ensuite le sulfure d'antimoine (soufre doré), agent de vulcanisation, le vermillon (sulfure de mercure), les oxydes de plomb et de zinc, le bleu d'outre-mer, les ocres, etc., agents de coloration, le blanc de Meudon, la baryte, l'amiante, etc., plus particulièrement utilisés dans les mélanges en vue d'obtenir des densités déterminées ou pour des applications spéciales. Les tissus employés sont aussi nombreux que variés : soie,

Fig. 11. — Calandre à trois cylindres pour tirer le caoutchouc en feuille.

laine, coton, lin, chanvre, jute, jusqu'à la ramie et même les tissus métalliques, toiles de cuivre ou toiles de fer.

La fabrication comprend un certain nombre d'opérations qui sont suffisamment connues. Nous rappellerons seulement pour mémoire qu'après le nettoyage et l'épuration de la gomme au moyen de cylindres déchiqueteurs on procède, après séchage, à la préparation des mélanges appropriés à la confection des objets qui sont ensuite vulcanisés soit dans des moules, soit sous toile, soit même à nu. La vulcanisation ou *cuisson* est effectuée dans des autoclaves, dans des chaudières à soufre, parfois encore sous la presse à vapeur.

Depuis l'Exposition de 1889, on a effectué des perfectionnements ou des modifications qu'il y a lieu d'enregistrer. Signalons tout d'abord l'abandon des cylindres de petites dimensions, ils ont été remplacés par des laminoirs de dimensions doubles et parfois triples permettant de traiter des quantités beaucoup plus considérables de matière avec un personnel moins nombreux qu'auparavant.

MM. Bapst et Hamet, de Paris, ont supprimé les chaudières à feu nu et les ont remplacées par des bâches à double enveloppe, chauffées par la vapeur. Cette heureuse innovation supprime les risques d'incendie et les coups de feu que provoque l'encrassement du fond des chaudières. Cette installation a encore été perfectionnée par l'adjonction de couvercles équilibrés par des contrepoids qui en rendent la manœuvre très facile. Ces couvercles convenablement guidés par des tiges sont munis d'une cheminée d'appel pour la condensation des vapeurs de soufre, lesquelles, afin d'éviter les inconvénients de l'expulsion au dehors, sont recueillies dans une chambre tendue de toiles disposées en chicane et fixée à la partie supérieure de l'appareil. On obtient ainsi la récupération du soufre qui, auparavant, se déposait sur les murs des salles de vulcanisation et constituait un risque d'incendie contre lequel on ne pouvait parvenir à se prémunir que par de fréquents lavages à la lance, d'où résultait une perte de main-d'œuvre, d'eau et de soufre. Moins que jamais il ne faut négliger aucune économie dans l'industrie; l'innovation due à MM. Bapst et Hamet constitue donc un réel progrès non seulement au point de vue de la salubrité des ateliers, mais encore au sujet de la sécurité des bâtiments.

La fabrication du caoutchouc se divise en plusieurs branches, au nombre desquelles il faut compter :

Les articles en caoutchouc dits *industriels* ou *techniques,* les tissus ou vêtements imperméables, la chaussure, les instruments de chirurgie, les jouets, etc., le dilaté, les tissus élastiques, bretelles, jarretières, etc.

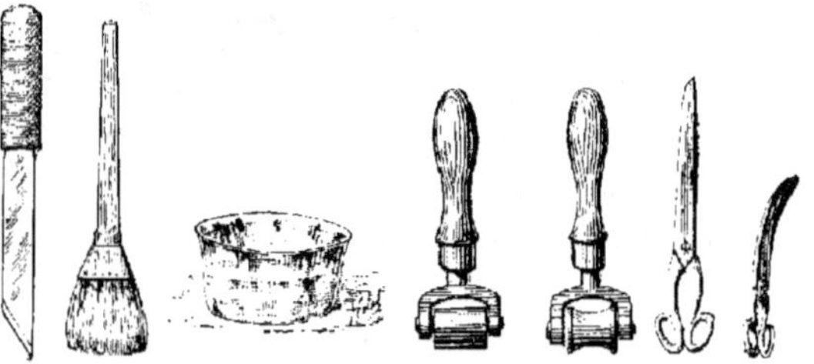

Fig. 12. — Petits outils de l'ouvrier caoutchouquier.

On entend par objets *industriels* ou *techniques* l'ensemble des articles confectionnés pour la mécanique générale, l'hydraulique, etc., par exemple, courroies de transmission, courroies sans fin, feuilles, cordes, bandes et lanières pour joints d'eau ou de vapeur, clapets, valves, godets de Noria, courroies transporteurs, cylindres pour impression et

pour papeterie, garnitures d'essoreuses, poches pour moteurs à gaz, ellipses pour trous
à main et trous d'homme, rondelles pour barres à mine, tuyaux pour refoulement et
aspiration, rotules, rondelles tampon, olives de suspension, tuyaux de freins, butoirs
de portières, tapis, diaphragmes et soufflets pour freins à vide, gants et moufles, rubans
isolants, compositions Chatterton, bacs pour accumulateurs, baguettes, tubes, bâtons
et plaques en durci; bandages, chambres à air, protecteurs, poignées de guidon, pédales, poires d'appel, anneaux ou cercles pleins, creux, à cellules ou cloisonnés; caparaçons, genouillères, chapelets de boules, culerons, colliers et fers; patins, brancards,
tissus pour carrosserie, tapis de voiture, couvertures d'attente, coussins, oreillers;
bandes de billard, semelles pour chaussures, plaques à timbrer, timbres, gommes à
effacer, lance-pierres, extenseurs, etc.

Cette nomenclature incomplète n'a pour but que de faire connaître la désignation des
principaux objets dont la fabrication est courante et dont il sera question par la suite.

Dans les articles industriels, on a dû créer un matériel nouveau pour la fabrication
des bandages et chambres à air que demandent la vélocipédie et l'automobilisme, industries qui débutaient seulement au moment de la dernière Exposition universelle.
On n'arrive à ce résultat qu'à l'aide d'un moulage; il a donc fallu, pour former le
noyau, recourir à une substance pouvant à la fois résister à une forte compression et
être aisément éliminée après l'opération. Plusieurs fabricants ont résolu ce problème
délicat.

On est parvenu à établir les chambres à air pour automobiles d'une seule pièce, sans
soudure, à l'aide d'une vulcanisation locale des extrémitées réunies l'une sur l'autre.

De même pour les garnitures de roues de voiture, application récente du caoutchouc
à la carrosserie, on a dû rechercher des moyens d'attache amenant la garniture à faire
corps avec la roue. Parmi les procédés en usage nous signalerons celui qui consiste
dans l'application d'une bande de caoutchouc, avec âme d'acier, sur la jante décentrée
pour réduire son développement; le caoutchouc, à l'aide de griffes, est refoulé pour
mettre à nu les deux bouts de l'âme d'acier que l'on superpose l'un sur l'autre et que
l'on soude à l'arc voltaïque. Après refroidissement du métal, le caoutchouc est ramené
et la roue est redressée.

La fabrication des tissus imperméabilisés a réalisé quelques améliorations, notamment dans la préparation des tissus dénommés *caoutchouc-cuir*. On appelle ainsi des
tissus de coton enduits, colorés et grainés de façon à simuler le véritable cuir qu'ils
remplacent avantageusement. Il est fait une grande consommation de ces tissus dans la
carrosserie, dans l'ameublement; la confection les utilise pour les vêtements de chauffeurs d'automobile, etc.

Une autre innovation à signaler est celle de l'impression sur enduit. On est parvenu
à imprimer sur la gomme même des dessins donnant l'illusion d'une doublure; ces im-
pressions se détachent avec une remarquable netteté sur le fond uni recouvert d'une
faible couche de caoutchouc transparent.

La fabrication des chaussures n'a été marquée par aucun progrès dont nous ayons
eu connaissance. Quelques essais ont été faits en vue d'obtenir un enduit d'une parfaite

blancheur. Une seule maison s'occupe en France de cette spécialité,
et cependant, malgré des droits assez élevés, l'importation est relativement considérable. La France n'est pas d'ailleurs un marché très
important pour cet article spécial qui, au contraire, en Russie, en
Allemagne, en Angleterre, aux États-Unis et au Canada trouve une
consommation énorme. C'est une question de climat autant que d'ha-
bitudes. Dans ces divers pays, quelques usines se font remarquer par
une production qui semble fantastique, atteignant jusqu'à 35,000
paires de chaussures par jour.

Fig. 13.
Poire à injection.

Les instruments de chirurgie, certains d'entre eux du moins, ont
gagné en apparence par suite des perfectionnements apportés à
l'émaillage. Ce procédé a pris naissance en Angleterre et a donné longtemps à ce pays
une supériorité marquée sur ses rivaux du continent; essayé en France il y a une
vingtaine d'années, les insuccès du début n'ont pas découragé nos industriels et leur
persévérance a été enfin récompensée; actuellement, les articles émaillés en France ne
le cèdent en rien à ceux de l'Angleterre.

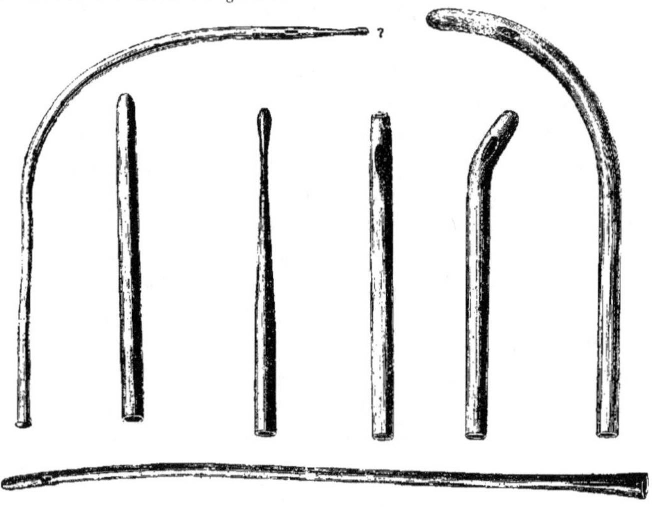

Fig. 14. — Articles de chirurgie, sondes et bougies.

Les feuilles sciées servant à la confection d'une grande quantité d'articles étaient
tirées autrefois d'Angleterre, d'où leur dénomination de *feuille anglaise*, qui continue à
être usitée. Depuis quelques années, les fabricants français ont essayé de fabriquer cette
feuille et la plupart d'entre eux produisent celle qu'ils emploient. On n'a fait, du reste,
que renouveler les entreprises tentées vers 1867 par notre doyen, M. Guibal, qui avait

inventé une machine à scier les blocs cylindriques. On semble préférer aujourd'hui le découpage des blocs par la scie à placage, mais quel que soit le moyen employé, un grand résultat a été obtenu.

Fig. 15, 16, 17, 18. — Chaussures.

Le sciage, pour être opéré dans les meilleures conditions, doit être effectué au cours de l'hiver, par plusieurs degrés de froid. La difficulté de conserver de grands approvisionnements a engagé divers fabricants à faire cette opération dans des chambres réfrigérantes. Les résultats ont été excellents au point de vue du sciage, mais pour que la feuille possède la qualité qui distingue la véritable feuille anglaise, il est nécessaire de laisser le bloc en cave pendant de longs mois, au cours desquels il se resserre et acquiert une homogénéité parfaite.

Fig. 19, 20, 21, 22, 23. — Bottes en caoutchouc.

Le privilège d'une longue expérience nous oblige à constater que la feuille anglaise avait autrefois plus de *nerf* qu'aujourd'hui. Nous attribuons cette infériorité à la fabrication trop hâtive, peut-être aussi à la différence des gommes du Para qui sont loin de valoir celles d'autrefois. Il y a une vingtaine d'années, le marché recevait surtout des paras bien secs qui donnaient un excellent rendement. Mais depuis la spéculation de 1882, les stocks ont été fortement réduits et, la consommation augmentant, il n'a plus été possible de les reconstituer.

La gomme fraîche, mise en vente immédiatement après la récolte et versée dans la consommation avant d'avoir pu *se faire*, est plus lâche et ne saurait donner des produits comparables à ceux que l'on obtenait avec le para vieux bien sec.

Quoi qu'il en soit, et malgré les progrès réalisés par nos fabricants, la feuille anglaise est de beaucoup préférée à la feuille sciée en France par les industriels qui s'adonnent à la préparation des articles *dilatés*.

L'importation des feuilles anglaises s'élève en moyenne à 150,000 kilogrammes par an et représente une valeur de 2 millions et demi de francs.

La fabrication des articles moulés, tels que ballons, jouets, blagues, poires, etc., paraît entrer dans une nouvelle phase depuis l'invention d'une machine à souder laissant loin derrière elle la tentative de M. A. Lejeune qui avait imaginé d'emboutir les coquilles des ballons.

Fig. 24, 25. — Jouets en caoutchouc.

Pour faire comprendre l'importance de ce progrès, nous rappelons que les objets creux, moulés, sont préparés en découpant dans la feuille de caoutchouc des pièces que l'on assemble avec de la dissolution.

Les ballons fabriqués par l'ancienne méthode se composaient de quatre quartiers; la réunion de deux quartiers donnait la coquille et l'assemblage de deux coquilles formait le ballon. Le procédé Lejeune avait supprimé le découpage des quartiers et leur soudure : d'un seul coup de balancier, il produisait la coquille.

Le procédé nouveau appliqué en Amérique consiste à introduire deux feuilles de caoutchouc entre deux plateaux creusés en alvéoles semblables à la disposition intérieure des moules. Au moment où le plateau supérieur descend, une aiguille creuse s'engage entre les deux feuilles de caoutchouc, par son canal, et alors que les feuilles sont légèrement pressées sur le contour des alvéoles, on insuffle avec force de l'air qui projette le caoutchouc sur les parois; l'aiguille vivement ramenée en arrière permet au plateau supérieur d'achever sa course, et les feuilles de caoutchouc, fortement pressées selon le contour des alvéoles, se trouvent soudées par compression, puis découpées par le même principe.

Le plateau mobile est relevé et les pièces façonnées ou *poches* sont extraites des alvéoles et portées à l'atelier de vulcanisation.

Ce procédé de fabrication, garanti par de nombreux brevets, est trop récent pour que nous puissions juger son application industrielle, mais les objets que nous avons vus, préparés par ce système, nous ont paru réunir toutes les conditions nécessaires pour un emploi durable. Ajoutons que cette machine permet non seulement de confectionner des ballons, objets simples entre tous, mais encore des animaux dont les jambes, les oreilles et parfois les cornes rendent l'assemblage coûteux.

En ce qui concerne les quadrupèdes, ce mode de fabrication exige, pour la vulcanisation, des moules à deux pièces avec lesquels on n'obtient pas la stabilité que donnent aux sujets les moules en trois pièces. Mais cette objection n'a de valeur que pour les éclectiques. La jeune clientèle, pour laquelle ces jouets sont établis, n'a pas ces exigences, et comme ce perfectionnement aura pour conséquence une diminution de prix, les articles nouveaux seront sans doute accueillis avec une faveur sans réserve.

Quoique le domaine de cette fabrication nous parût épuisé, nous avons noté un jouet qui constitue une nouveauté. C'est une sorte de balle représentant une tête qui, comprimée avec les doigts, fait sortir une langue formée d'une pellicule de caoutchouc. Lorsque la pression cesse, par suite du vide fait dans la balle et sous l'influence de la pression atmosphérique, la langue reprend sa place dans la cavité buccale. C'est une fantaisie dont il convient ici de signaler l'apparition.

La fabrication des articles *dilatés* repose sur le procédé de vulcanisation de Parkes.

Les pièces, préalablement tracées puis découpées dans la feuille anglaise, sont assemblées et soudées mécaniquement. Autrefois, la soudure se faisait au marteau sur la bigorne, mais la machine à coudre a été le point de départ de la machine à battre actuelle qui a remplacé la frappe à la main et permet d'opérer rapidement avec une très grande régularité.

Fig. 26, 27. — Animaux caoutchouc.

Au sortir de l'atelier de soudure, les pièces sont portées au bain de vulcanisation dans lequel elles ne trempent que quelques instants par suite de l'action énergique de la solution de sulfure de carbone et de chlorure de soufre.

On a cherché à remplacer le sulfure de carbone par des essences minérales parfaitement rectifiées, voire même par des éthers de pétrole, mais l'ancienne préparation paraît encore préférable à ces nouvelles combinaisons.

Les pièces vulcanisées sont aussitôt gonflées presque à éclatement; à ce moment, le caoutchouc est encore imprégné d'une faible quantité de dissolvant, ce qui facilite la distension ou la dilatation de la matière qui, perdant en épaisseur ce qu'elle gagne en surface, est amenée à l'état de pellicule.

Fig. 28. — Éléphant et sujets caoutchouc.

La fabrication des articles dilatés était essentiellement française et même parisienne leur succès devait provoquer des compétitions qui n'ont pas manqué de se produire. Les États-Unis, un de nos meilleurs clients autrefois pour ces marchandises, ont maintenant des fabriques de dilaté dérivant à leur profit une partie des ordres qui alimentaient nos manufactures.

Il faut toujours du *neuf*, même dans ces articles; aussi voit-on presque journellement surgir de nouveaux modèles : têtes drôlatiques, serpents, animaux de toutes sortes qu'on est parvenu à établir avec une observation suffisante des formes et des proportions pour les rendre acceptables. Un des plus récents modèles qui a joui d'une certaine vogue pendant l'Exposition a été le cochon gros et ventru monté sur de courtes pattes en carton et orné d'une petite queue tortillée en chenille. « La vie et la mort du petit cochon ! » était le cri qui saluait partout les promeneurs, surtout aux abords de l'Exposition.

Les fabricants de dilaté n'emploient que la feuille anglaise: elle seule peut fournir l'élasticité suffisante pour la dilatation. Des essais ont été tentés avec les feuilles sciées de provenance autre, mais ils ne paraissent pas avoir réussi; l'avantage du prix ne peut compenser le déchet excessif qu'elles occasionnent.

L'industrie des tissus élastiques est de date récente, elle a pris naissance dès que l'on eut trouvé le moyen de découper le caoutchouc naturel en fils.

Précédemment, on employait des lisières ou des rubans, puis on imagina d'enfermer de légers ressorts métalliques dans des gaines de cuir froncées et terminées par une agrafe ou par une boutonnière. Ce fut un tisserand nommé Antheaume, établi vers 1826 à Rouen, qui contribua le plus efficacement aux débuts de cette industrie qui se développa considérablement lorsqu'elle fut à même d'utiliser le fil de caoutchouc vulcanisé.

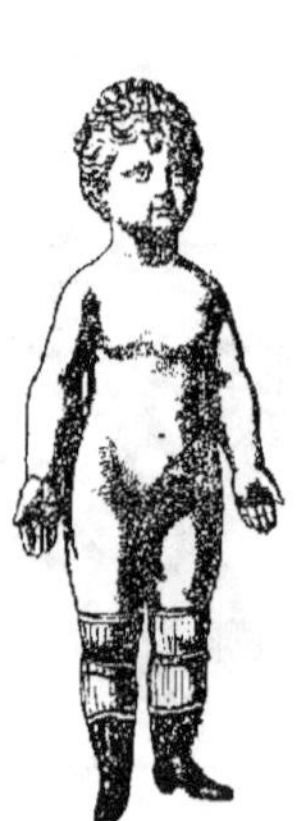

Fig. 29.   Poupée nue.   Fig. 30. — Poupée chemise.   Fig. 31. — Poupée habillée.

Pour mémoire, rappelons que l'apparition des bretelles suivit de peu les progrès du pantalon, ce dont il est aisé de se convaincre en parcourant les annonces insérées dans les journaux de 1792. Aussi M. J. Hayem, le distingué rapporteur de la classe 35 à l'Exposition universelle de 1889, a-t-il malicieusement observé que ce sont les sans-culottes qui, les premiers, firent usage des bretelles!

Dans la fabrication des tissus élastiques, nous constatons partout le remplacement du métier à la main par le métier mécanique. On se sert aussi très fréquemment du métier Jacquart, qui permet de produire une grande variété dans les combinaisons de nuances ou de dessins.

Les fils de gomme naturelle que l'on employait au début de cette industrie ont été remplacés par les fils de caoutchouc vulcanisés peu après l'invention de Goodyear.

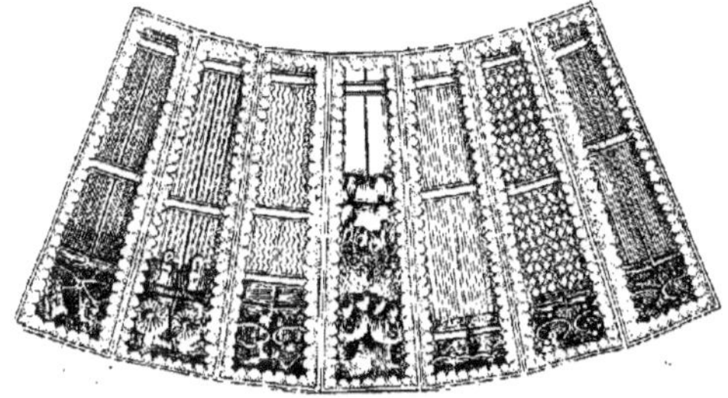

Fig. 32. — Jarretières fantaisie.

La fabrication du fil de caoutchouc a été abandonnée en France; elle donne lieu à un grand mouvement industriel en Angleterre, aux États-Unis et en Italie, dont nous sommes tributaires.

Nos importations de fil élastique s'élèvent à environ 150,000 kilogrammes, représentant une valeur de 2,500,000 francs.

Les fabricants de tissus élastiques, obligés de s'approvisionner à l'étranger, réclament l'abrogation des droits de douane qui, quoique peu élevés (40 francs les 100 kilogrammes), grèvent leur matière première à son entrée en France.

Les articles en tissus élastiques sont parfois soumis aux caprices de la mode, et c'est ainsi qu'on a vu récemment la *jarretelle* quelque peu supplanter la jarretière d'un effet pourtant si décoratif.

On a créé pendant longtemps des modèles de haut goût et de grand luxe pour cet accessoire de la toilette féminine dont une galanterie royale a fait l'emblème d'un Ordre célèbre.

La jarretière, jusque dans les premières années du xixᵉ siècle, a fait partie des ajustements du

Fig. 33. — Machine à mesurer les tissus élastiques.

costume masculin. La tourmente révolutionnaire emportant les hommes et les choses a fait sentir ses effets jusque sur le costume : allongeant les culottes et raccourcissant les bas, elle a rendu les jarretières inutiles et provoqué par compensation l'emploi des bretelles.

Des hygiénistes reprochant aux jarretières de comprimer la jambe et d'entraver la circulation normale du sang, des fabricants avisés mirent à profit cette observation pour inventer un modèle nouveau auquel ils donnèrent le nom de *jarretelle*. Ce nouvel engin s'adapte au corset ou à une ceinture, une bande de tissu élastique descendant le long de la jambe et terminée par une pince retient le bas. . . et parfois le déchire; c'est le revers de la médaille.

L'esprit de luxe, à notre époque, se manifeste jusque dans les détails les plus infimes; c'est pourquoi si la jarretelle est moins à redouter au point de vue de l'hygiène, elle n'échappe pas toutefois aux exigences de la coquetterie, et son rôle n'est pas borné à l'usage pour lequel elle a été imaginée; il faut encore qu'elle contribue à rehausser l'éclat des dessous de la toilette féminine. Aussi voit-on des jarretelles garnies de ruches ou de plissés, montées avec des boucles de métal qui, parfois, sont rehaussées de pierres précieuses. Pour la clientèle moins fortunée, l'article reste presque aussi élégant, seuls des accessoires moins coûteux en réduisent la valeur sans en modifier considérablement l'apparence.

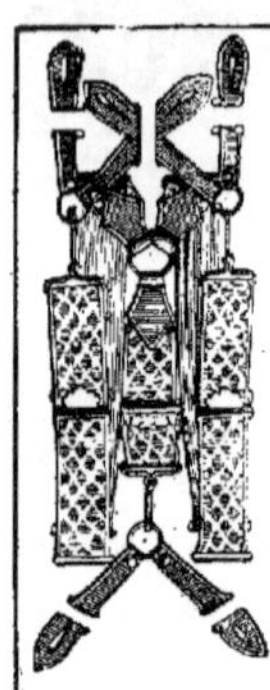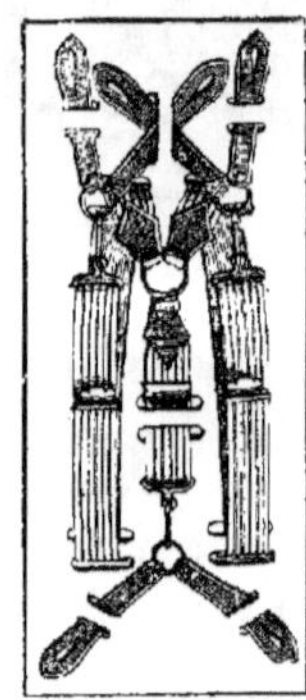

Fig. 34. — Bretelles articulées.

Quoi qu'il en soit, l'éclat des nuances, la finesse des textiles, les variétés de dispositions font des tissus élastiques dits *de fantaisie* une base incomparable pour le monteur qui, par l'emploi de boucles, de rubans ou d'autres accessoires, arrive à créer des modèles aussi variés qu'élégants.

C'est par ce souci constant de produire toujours de la nouveauté que s'explique l'importance de notre production qui nous assure une situation prépondérante sur le marché de l'exportation, malgré la concurrence étrangère.

Nous savions qu'en Allemagne, en Angleterre, aux États-Unis il existe des fabriques de tissus élastiques; l'Exposition de 1900 nous a montré les efforts faits par d'autres nations, notamment l'Italie et l'Espagne, pour doter leur pays de cette production spéciale.

GUTTA-PERCHA.

L'introduction de la gutta-percha dans les usages industriels est de date récente. Les premiers spécimens de cette intéressante matière parvinrent en Europe en 1843. Ils étaient adressés à la Royal Society of Arts par le docteur Montgommerie qui résidait alors à Singapore et qui accompagna son envoi d'une communication établissant l'analogie paraissant exister entre cette substance et le caoutchouc, en ce sens que la gutta provenait elle aussi du latex de certaines plantes.

Quelques années plus tard, M. Lobb, ayant trouvé l'arbre à gutta, envoya à Londres des rameaux, des feuilles et des fleurs qui furent examinés par Sir W.-H. Hooker et lui permirent de classer ce végétal dans l'ordre des *Sapotacées*, sous la dénomination de *Isonandra gutta*.

Par la suite, on reconnut que la gutta n'était pas le produit exclusif de l'Isonandra et on récolta diverses sortes provenant de végétaux rencontrés en Malaisie, en Afrique et dans les Guyanes.

Les qualités les plus appréciées sont désignées sous les noms de *Macassar, Sarawak*, etc. La sorte produite par l'Amérique est la *balata*, nom indigène de l'arbre qui la fournit.

L'apparition de la gutta-percha sur le marché fut le signal d'un engouement extraordinaire; on crut devoir attribuer à cette matière des qualités qui devaient lui faire supplanter le caoutchouc dont l'emploi avait été condamné.

La découverte de la vulcanisation vint remettre les choses au point; le caoutchouc, grâce à cette merveilleuse invention, redevint en faveur et la gutta fut délaissée au moins en ce qui concernait la fabrication des vêtements et des chaussures. On limita son emploi à la confection d'articles spéciaux dès que l'on eut reconnu la résistance qu'elle offrait aux acides.

La découverte de la télégraphie électrique vint fournir un champ d'action immense à la gutta, dont le pouvoir diélectrique avait enfin été révélé, et, depuis lors, cette substance a été utilisée à la confection des câbles souterrains ou sous-marins. La consommation devint même si grande, que cette matière a vu sa valeur atteindre des taux inabordables, passant pour la première qualité de 4 ou 5 francs à 20 et même 23 francs, prix pratiqués, il y a peu de temps, sur des macassar.

Cette augmentation de prix ne résultait pas de l'abondance des demandes, mais de la difficulté de se procurer cette précieuse matière.

En effet, les indigènes, au lieu de procéder à la récolte en cherchant à ménager les végétaux, avaient trouvé plus lucratif de jeter bas les arbres pour extraire le latex jusqu'à la dernière goutte.

En présence de la disparition presque complète des végétaux producteurs, plusieurs gouvernements s'émurent et organisèrent des missions afin de rechercher les moyens de sauvegarder une richesse végétale menacée d'un prochain anéantissement.

Les autorités britanniques, dès 1882, interdirent l'exploitation des arbres à gutta dans l'étendue de l'État de Perak, puis chargèrent le directeur du musée de Taïping, M. Wray, d'explorer les forêts de la presqu'île de Malacca.

Le Gouvernement français, de son côté, organisa une mission semblable et en confia la direction à M. Seligmann-Lui qui retrouva des types du genre Isonandra dans les régions inexplorées de Sumatra, d'où il rapporta 50 plantules destinées à la reproduction de l'espèce.

Enfin le Gouvernement hollandais, entrant dans la même voie, chargea l'un de ses éminents botanistes, M. Burck, de se livrer aux mêmes recherches, et nous savons que depuis, malgré le silence observé par les autorités hollandaises, les essais entrepris dans le jardin de Buitenzorg ont parfaitement réussi.

Mais il ne suffisait pas de remédier à une situation déplorable par des moyens dont l'efficacité ne peut se manifester qu'à très longue échéance, il fallait chercher à détourner les indigènes de leurs anciens errements et les inciter, au contraire, à procéder de façon à sauver les végétaux de leurs pratiques barbares.

C'est à M. Jungfleisch que revient l'honneur d'avoir indiqué une nouvelle méthode de préparation de la gutta et c'est à M. Serullas qu'il faut attribuer le mérite de l'application de ce procédé qui consiste à traiter les feuilles, brindilles et rameaux par le toluène.

Ce dissolvant par excellence du caoutchouc et de la gutta, pénétrant dans les pores de la partie ligneuse, se charge de gutta que l'on recueille, par distillation dans un courant de vapeur d'eau; le toluène est en même temps récupéré, pour ne pas perdre un produit dont le prix est doublé ou triplé par les frais de transport.

La gutta ainsi obtenue apparaît sous forme d'une masse verdâtre dans un état de pureté parfaite; la coloration qui la distingue doit être attribuée à la chlorophyle dont la présence n'a aucun inconvénient. Les guttas ainsi obtenues ont été essayées, elles ont donné les meilleurs résultats.

Peu après, MM. Arnaud, Barbouteau et Houseal se faisaient breveter pour un procédé d'extraction de la gutta par action mécanique, consistant à broyer les tiges et les feuilles et permettant de recueillir la gutta après de fréquents lavages.

La différence entre les deux systèmes est notable : le premier permet d'opérer dans des conditions d'installation d'une simplicité appréciable; le second nécessite un agencement qui ne peut être réalisé que si l'on se trouve à proximité d'une rivière ou mieux encore d'une chute d'eau; à défaut de la force hydraulique, il faut recourir à une machine à vapeur.

L'application de ces procédés ne paraît pas avoir donné les résultats que l'on était en droit d'espérer et les choses, depuis lors, sont restées en l'état : les indigènes continuent leurs dévastations, les forêts s'appauvrissent de plus en plus et l'industrie des câbles qui fait une énorme consommation de gutta est menacée de ne plus trouver à s'approvisionner pour l'exécution de ses commandes.

Un industriel voulant échapper à ce danger a imaginé alors de supprimer la gutta comme enduit des conducteurs métalliques et l'a remplacée par des révolutions de papier de soie. Ce nouveau mode de préparation des fils électriques a, paraît-il, donné de bons résultats et laisse entrevoir le parti avantageux que l'on pourra tirer de la cellulose pour cette application spéciale.

Cette solution tend donc à restreindre l'emploi de la gutta dans une proportion considérable, et l'industrie spéciale à laquelle cette substance avait donné naissance, ne trouvant plus un aliment suffisant pour son activité, s'est confondue avec celle du caoutchouc.

Quoique le rôle de la gutta soit un peu diminué, cette matière a cependant des emplois d'une utilité incontestable; on en fait les récipients les plus pratiques pour contenir les acides à l'action desquels elle résiste.

La différence entre le caoutchouc et la gutta consiste en ce que le premier est élastique tandis que celle-ci ne l'est pas. La plasticité de la gutta la fait rechercher pour les moulages et les reproductions par la gavanoplastie.

La gutta est aussi employée dans l'art dentaire; laminée en feuilles minces comme des pellicules, elle est encore utilisée par diverses industries, telles que la chapellerie, etc.

SITUATION GÉNÉRALE.

L'industrie du caoutchouc a pris son essor, nous l'avons dit, au lendemain de la découverte de la vulcanisation; depuis lors, le nombre des applications auxquelles on a employé cette substance est devenu si considérable, que l'on a évoqué la figure de Protée pour exprimer la variété infinie des formes sous lesquelles le caoutchouc se présente.

Des États-Unis qui furent son berceau, l'industrie du caoutchouc passa en Angleterre, puis en France et se développa ensuite en Allemagne, en Russie, en Belgique et en Italie. Dans tous ces pays, la plus grande activité règne dans les usines.

Les centres de production principaux en France sont :

Caoutchouc manufacturé et gutta, articles de chirurgie, vêtements. — Paris et sa banlieue, Clermont-Ferrand, Marseille, Lyon, Saint-Quentin, Roubaix, etc.

Chaussures. — Montargis.

Dilaté. — Paris et sa banlieue.

Tissus élastiques. — Paris, Rouen, Saint-Étienne, la vallée de la Somme.

Les conditions générales dans lesquelles s'exerce cette industrie dans notre pays sont les suivantes : la durée du travail est de onze heures; la journée commence, en hiver, à 7 heures pour finir à 7 heures du soir; en été, on va de 6 heures du matin à 6 heures du soir; un repos d'une heure coupe la journée pour le repas de midi. D'une manière générale, on ne travaille que durant le jour; ce n'est que très exceptionnellement qu'on a recours à la formation d'équipes de nuit.

Selon la nature du travail et les usages locaux, les salaires sont décomptés à l'heure ou à la journée; quelques établissements ont organisé le travail aux pièces. Les salaires moyens sont, pour les hommes, 5 fr. 50, et pour les femmes, 3 francs par jour.

Il ne s'est pas produit, jusqu'à présent, de grève dans cette industrie, quoique dans certains centres on ait pu un moment avoir à en redouter l'éventualité.

Il existe environ 160 établissements occupant une population ouvrière de près de 10.000 personnes.

Les principaux débouchés sont les pays à population dense, conséquemment les principales villes constituent les plus importants centres de consommation. La Chine offre un vaste marché pour les chaussures, dont l'usage s'est aussi généralisé au Japon.

Il est difficile d'établir une valeur moyenne des articles tant ceux-ci sont nombreux, tant ils sont variés. Mais, d'une manière générale, il nous faut reconnaître l'avilissement des prix, résultat dû à l'augmentation des moyens de production et à une concurrence plus aiguë que jamais.

A ce sujet, nous croyons utile d'indiquer les différences qui distinguent les conditions dans lesquelles s'exerçait autrefois l'industrie par rapport à ce qui se passe de nos jours.

Au lendemain de la découverte de la vulcanisation, on a vu se créer des fabriques de caoutchouc dans lesquelles se poursuivait un genre particulier de fabrication. Par la suite, chacun, tendant à élargir son champ d'action, s'est adjoint d'autres articles tout en cherchant à conserver la suprématie dans la spécialité qui a fait la réputation de la maison.

A cette époque, les relations entre producteurs et consommateurs empruntaient l'intermédiaire de négociants d'importance variable et se subdivisant en maisons de gros, demi-gros et détail. Quelques fabricants avaient même concédé à des représentants le monopole de leur production : c'étaient les dépositaires.

La création des chemins de fer apporta au commerce un stimulant incomparable, de nouveaux débouchés s'ouvrirent chaque jour, ce fut une période d'activité merveilleuse, les transactions s'élargissant et les ordres se transmettant par une sorte de voie hiérarchique : le détaillant s'adresse à la maison de demi-gros qui passe les commandes à la maison de gros. Celle-ci, dont les approvisionnements sont considérables, puise dans ses magasins les marchandises demandées et, pour combler les vides, a recours au fabricant. La fabrique se trouve ainsi assurée du placement d'une production dont à l'avance elle peut prévoir l'importance.

Mais ces relations devaient être compromises par les exigences sans cesse croissantes des maisons de gros, et les fabricants furent amenés à s'affranchir de ces intermédiaires en s'adressant directement aux maisons de détail. Dans ce duel, les fabricants furent singulièrement aidés par l'institution des colis postaux. Cette facilité apportée aux échanges eut pour conséquence le morcellement des ordres et la disparition d'un très grand nombre d'intermédiaires. En même temps s'imposait pour les manufacturiers l'obligation de se prémunir de stocks considérables que l'absence d'indication suffisante au début des saisons et l'inconstance du goût public rendent parfois difficile à constituer. C'est un des mauvais côtés de la solution recherchée par les fabricants ; ce n'est pas le seul.

Parmi les maisons de détail, il en est qui sont devenues des entreprises considérables : ce sont les puissances commerciales connues sous le nom de grands magasins. Ces importants établissements se livrent entre eux à une concurrence que font connaître les trompettes de la réclame, et le monde entier est tenu au courant des réductions de prix obtenues le plus souvent par la pression exercée sur les fabricants.

Le consommateur se trouve ainsi initié à la valeur des articles, mais d'une façon incomplète le plus souvent, car les renseignements fournis par des prospectus alléchants ne comportent guère que la désignation des articles et leurs dimensions, un cliché ajoute à l'intelligence du texte complété par l'énonciation des prix, mais il est rarement question de la qualité, et il n'est pas toujours facile à l'acheteur de lire entre les lignes ou de se rendre un compte exact sur ce point à la vue de la marchandise.

Nous avons parlé plus haut de l'emploi des caoutchoucs gutteux, des déchets et des factices que nos devanciers avaient rigoureusement proscrits de leurs mélanges. Ces pratiques avaient été justifiées par la spéculation sur les gommes qui avaient fait passer l'industrie du caoutchouc par des phases critiques. Mais la nécessité de répondre au besoin de bon marché qui caractérise notre époque, a rendu définitifs des procédés auxquels on n'aurait dû avoir recours qu'à titre provisoire.

Dans ces circonstances, la matière première s'est prêtée aux combinaisons les plus exagérées avec une facilité que quelques fabricants n'ont pas manqué d'utiliser.

Il ne faudrait pas conclure de ce qui précède à la décadence de notre production nationale; l'industrie française tient à honneur de continuer la fabrication honnête d'articles de toute première qualité, mais elle a dû aussi produire des marchandises à bas prix sous peine de voir la fabrication étrangère prendre une situation prépondérante sur notre propre marché.

Quoique les prix de vente aient subi de notables diminutions depuis 1889, la production n'a cessé de s'accroître sous le rapport des quantités et de la valeur. Lors de la précédente exposition, la production totale des usines françaises était évaluée à 75 millions, elle dépasse actuellement 100 millions de francs. Nous estimons à 1,600 millions de francs la production totale de toutes les fabriques de caoutchouc du monde.

Les statistiques dressées par l'Administration des douanes accusent les différences suivantes dans nos transactions avec l'étranger :

	1889.	1900.
	francs.	francs.
Importation d'objets fabriqués	5,125,000	15,400,000
Exportation d'objets fabriqués	7,540,000	10.300,000

Ces chiffres constituent un enseignement et nous montrent malheureusement que, d'une exposition à l'autre, la valeur de nos exportations d'articles manufacturés n'a augmenté que dans une faible proportion, alors que la valeur des importations similaires a plus que triplé.

Nous reproduisons dans les tableaux ci-après le mouvement de nos échanges avec l'étranger depuis l'application des tarifs douaniers qui régissent actuellement nos échanges [1].

[1]. La nomenclature observée par la classification de 1892 ne correspondant pas à la nomenclature précédente, les feuilles et fils sont compris dans les ouvrages autres; de même les vêtements sont confondus avec les tissus en pièces dans les résumés de 1890 et 1891

TABLEAU COMPARATIF DES IMPORTATIONS.

COMMERCE SPÉCIAL.	1890.	1891.	1892.	1893.	1894.	1895.	1896.	1897.	1898.	1899.	1900.
	kilogrammes.	kilogrammes.	kilogrammes.	kilogrammes.	kilogrammes.	kilogrammes.	kilogrammes.	kilogrammes.	kilogrammes.	kilogrammes.	kilogrammes.
Caoutchouc et gutta bruts....	2,488,802	3,047,055	2,671,469	2,647,407	3,671,687	3,078,090	4,630,233	4,238,313	4,674,533	5,393,631	5,558,113
Feuille et fil.............	»	»	255,960	274,333	267,647	264,483	310,064	289,265	296,477	300,550	321,801
Tissus { élastiques.......	69,954	62,236	49,127	51,408	43,361	40,365	53,281	53,404	45,093	49,307	54,860
Tissus { en pièces.......	105,514	98,853	31,452	3,686	7,414	7,657	3,751	6,667	5,391	4,729	4,258
Tissus { pour cardes.....	»	»	25,491	46,380	51,575	44,158	58,477	42,360	39,160	31,130	28,460
Vêtements.............	»	»	14,122	16,302	12,291	12,105	14,906	13,004	12,618	12,544	16,310
Chaussures.............	46,842	87,514	148,895	212,657	123,342	166,598	234,729	285,683	174,744	237,983	299,654
Autres ouvrages..........	460,459	519,768	451,906	281,941	287,928	348,488	429,347	481,640	510,867	596,673	743,909

COMMERCE SPÉCIAL.	1890.	1891.	1892.	1893.	1894.	1895.	1896.	1897.	1898.	1899.	1900.
	francs.	francs.	francs.	francs.	francs.	francs.	francs.	francs.	francs.	francs.	francs.
Caoutchouc et gutta bruts....	14,934,812	21,329,385	16,028,814	15,764,442	18,430,120	18,468,540	17,781,398	29,668,191	32,701,731	51,233,795	52,802,074
Feuille et fil.............	»	»	3,583,440	3,840,660	3,747,658	3,702,762	4,340,896	4,338,975	4,357,155	5,409,900	5,792,418
Tissus { élastiques.......	909,402	809,068	638,651	668,304	563,693	524,745	692,653	694,252	586,209	690,298	768,040
Tissus { en pièces.......	844,112	988,530	440,398	43,204	103,796	107,198	52,514	93,338	75,474	70,935	63,870
Tissus { pour cardes.....	»	»	177,947	344,660	361,025	309,106	409,339	296,520	274,120	342,430	313,060
Vêtements.............	»	»	344,806	236,946	282,693	278,415	342,838	276,092	296,214	313,600	407,750
Chaussures.............	234,210	437,570	893,370	1,275,940	740,052	999,588	1,408,374	1,856,940	1,135,836	1,665,881	2,097,578
Autres ouvrages..........	2,762,754	5,197,680	1,511,436	1,691,646	1,727,568	2,299,416	3,005,429	3,371,480	3,576,069	4,773,384	5,951,272

TABLEAU COMPARATIF DES EXPORTATIONS.

COMMERCE SPÉCIAL.	1890.	1891.	1892.	1893.	1894.	1895.	1896.	1897.	1898.	1899.	1900.
	kilogrammes.	kilogrammes.	kilogrammes.	kilogrammes.	kilogrammes.	kilogrammes.	kilogrammes.	kilogrammes.	kilogrammes.	kilogrammes.	kilogrammes.
Caoutchouc et gutta bruts....	868,533	836,833	1,143,199	1,270,150	1,410,941	1,547,279	1,919,542	2,031,634	2,132,677	2,851,732	3,638,110
Feuille et fil............	»	»	»	»	»	»	»	»	»	»	»
Tissus ... élastiques......	222,663	187,849	297,863	315,684	238,853	249,451	285,102	247,663	231,486	265,601	217,535
Tissus ... en pièces......	36,115	58,520	20,652	19,843	9,790	17,588	26,107	19,131	30,616	27,884	14,103
Tissus ... pour cardes.....	»	»	666	578	345	1,324	4,960	5,690	4,785	3,017	1,987
Vêtements.............	»	»	27,294	10,944	9,744	8,470	26,188	48,028	40,636	49,428	45,741
Chaussures............	119,828	79,530	117,898	88,295	120,796	104,366	139,400	113,585	125,257	105,431	138,752
Autres ouvrages.........	363,435	364,313	243,994	194,656	253,050	255,132	331,029	446,161	436,136	470,914	476,901

COMMERCE SPÉCIAL.	1890.	1891.	1892.	1893.	1894.	1895.	1896.	1897.	1898.	1899.	1900.
	francs.	francs.	francs.	francs.	francs.	francs.	francs.	francs.	francs.	francs.	francs.
Caoutchouc et gutta bruts....	4,851,198	5,857,831	6,859,194	7,690,900	8,461,416	9,283,674	13,517,250	14,291,438	14,928,739	17,091,454	18,862,045
Feuille et fil............	»	»	»	»	»	»	»	»	»	»	»
Tissus ... élastiques......	2,894,619	2,817,735	4,467,945	4,735,260	3,582,795	3,741,765	4,276,530	3,714,945	3,472,290	4,249,616	3,486,560
Tissus ... en pièces......	288,920	643,720	330,432	517,488	156,640	281,408	417,712	306,096	489,856	374,028	239,751
Tissus ... pour cardes.....	»	»	4,662	4,046	2,760	10,592	39,680	45,520	38,280	36,264	23,844
Vêtements.............	»	»	682,350	273,660	243,600	211,750	654,700	1,200,700	1,015,900	1,334,556	1,235,007
Chaussures............	599,140	477,180	825,286	618,051	845,572	730,562	905,800	851,888	939,428	843,448	1,168,576
Autres ouvrages.........	2,177,010	3,974,443	1,707,958	1,362,592	1,631,350	2,041,056	2,648,232	3,569,288	3,400,088	4,238,226	4,292,109

De l'examen de ces chiffres il ressort que la France consomme environ 2,500,000 kilogrammes de caoutchouc ou de gutta bruts, représentant une valeur de plus de 20 millions de francs.

L'exportation de nos tissus élastiques, en pièces ou en objets confectionnés, dépasse l'importation de cinq fois sa valeur, ce qui prouve la vitalité de cette industrie en France.

De même, l'exportation des tissus en pièces et des vêtements dépasse de beaucoup l'importation, preuve manifeste des progrès réalisés.

Les tissus pour cardes constituent une branche industrielle qui n'existe que depuis peu chez nous; la progression des chiffres d'exportation est un indice favorable de nature à encourager nos industriels à persévérer dans leurs efforts.

L'importation des chaussures a sensiblement augmenté et par contre nos exportations ont fléchi. Nous attribuons ce résultat aux progrès réalisés par nos concurrents d'Angleterre et d'Amérique, lesquels se sont attachés à produire des chaussures d'une excessive légèreté fort appréciée par la clientèle. Nous rappelons aussi que, le tarif actuellement en vigueur étant basé sur le poids, les importateurs se trouvent incités à fabriquer, pour le marché français, des articles très légers; ils ont, de cette façon, réussi à satisfaire aux exigences des consommateurs et à acquitter les droits d'entrée dans les moindres proportions.

Sous la rubrique : courroies, tuyaux et autres ouvrages en caoutchouc, sont compris tous les articles ne figurant pas au tarif des douanes sous les rubriques précédentes.

De ce côté, la situation n'est pas favorable, les importations dépassant nos exportations. L'examen des chiffres témoigne des efforts faits par nos concurrents étrangers pour conquérir le marché français. Il appartient à nos fabricants de redoubler de vigilance pour ne pas être exposés à perdre les avantages que nos législateurs ont voulu leur assurer en leur donnant, par l'élévation des droits d'entrée, une situation privilégiée.

Nous rappelons dans le tableau ci-dessous l'importance des droits à acquitter par les différentes marchandises présentées à l'importation :

	DÉSIGNATIONS.	TARIF.	
		GÉNÉRAL.	MINIMUM
		fr. c.	francs.
N° 119.	Caoutchouc et gutta-percha bruts.............	3 60	//
N° 620.	Feuilles en caoutchouc pur non vulcanisé et fil de caoutchouc vulcanisé....................	60 00	40
//	Tissus { élastiques...................	250 00	200
//	Tissus { en pièces...................	250 00	200
//	Tissus { pour cardes..................	90 00	70
//	Vêtements......................	300 00	250
//	Chaussures garnies de feutre, de laine ou d'étoffes mélangées de laine................	150 00	100
//	Chaussures garnies d'étoffes de coton, chanvre ou lin......................	120 00	80
//	Autres ouvrages..................	90 00	70

Sous le régime du tarif conventionnel de 1860, les droits étaient les suivants :

		LES 100 KILOGR.
		francs.
Ouvrages en caoutchouc et gutta-percha autres que les instruments de chirurgie. (665.)	Purs ou mélangés.	20
	Appliqués sur tissus en pièces ou sur d'autres matières.	100
	En tissus élastiques.	300
	Chaussures.	200
	Vêtements confectionnés	120

Sous l'empire de cette tarification, ainsi que maintenant du reste, la matière première, le caoutchouc et la gutta-percha, entre en franchise: seuls les arrivages provenant des ports d'Europe ont à payer une taxe d'entrepôt de 3 fr. 60 par 100 kilogrammes.

Il nous a paru intéressant de consigner ici l'importance des recettes produites par les droits perçus sur les articles caoutchouc importés en France en 1899 :

Caoutchouc et gutta-percha bruts.	61,957 francs.
Feuille et fil.	120.776
Tissus élastiques.	99,259
Tissus en pièces.	9,502
Tissus pour cardes.	21,790
Vêtements.	31,874
Chaussures.	204,870
Autres ouvrages	429,312
Soit ensemble.	979.340

Nous avons encore à examiner le côté moral particulier à nos industries.

Les sages mesures édictées par le législateur pour assurer la sécurité des travailleurs ont reçu leur effet. La tenue des ateliers ne laisse rien à désirer. l'installation de dispositifs protecteurs destinés à encadrer les outils dangereux, les commandes de transmission. etc., est un fait accompli, et les règlements pour la protection des femmes, filles mineures et enfants sont appliqués dans tous les centres industriels; enfin, la loi sur les accidents du travail est venue compléter heureusement un ensemble de dispositions destinées à prévenir des dissidences entre employeurs et employés. De ce côté, de notables améliorations ont été réalisées.

L'augmentation de l'outillage, les perfectionnements apportés au travail mécanique ont eu pour conséquence une production surabondante qui pèse sur les prix des articles manufacturés, provoquant des diminutions injustifiées, en présence surtout des cours élevés de la matière première et de la cherté de la main-d'œuvre qui tend à monter encore.

Un exemple entre tous démontrera l'exactitude de notre appréciation : alors qu'il y a sept ou huit ans une paire de pneumatiques valait 160 francs. on peut aujourd'hui se procurer aisément la même garniture, de qualité semblable, à moins de 50 francs.

Au surplus, nous ferons observer qu'aucune fabrique n'a manqué aux engagements pris pour ses livraisons, quelle qu'ait été l'importance des ordres, tandis qu'il y a vingt ans la production ne pouvait satisfaire aux exigences de la consommation.

Ainsi s'explique un malaise qu'il est de notre devoir de signaler et qui a eu pour conséquence de provoquer trop souvent sur la qualité des produits ce que nous appellerons de mauvaises économies.

Les tentatives faites en vue d'établir une échelle de prix mieux en rapport avec les nécessités du moment n'ont pas abouti et l'entente entre les fabricants n'a pu être réalisée.

Un tel état de choses ne saurait durer et s'il ne se produit pas une détente dans les cours de la matière première, il faudra rompre avec les anciens errements ou s'attendre à la ruine d'une industrie intéressante entre toutes.

Si nous examinons les marchés étrangers, nous voyons que nos concurrents au delà des frontières ont une autre perception de la situation.

Sans nous arrêter à la Russie qui ne nous offre pas une base de comparaison à cause de son régime douanier et de conditions particulières, nous voyons qu'aux États-Unis, en Angleterre et en Allemagne, les fabricants ont adopté une ligne de conduite appropriée aux circonstances. Soit par des conventions tacites, soit à la suite d'engagements écrits, les industriels ont su se grouper par genres de fabrication et réaliser une entente profitable à tous. Chez les uns, on a formé des *trusts*, d'autres ont élaboré les statuts d'une sorte de *consortium*, d'autres encore ont conclu des arrangements qui ont permis d'enrayer la baisse des prix et de réglementer en quelque sorte la production.

Nous estimons que cette entente entre les industriels français est désirable, car elle incitera les producteurs à relever la qualité des produits, ce dont les consommateurs ne sauraient se plaindre. A ce titre, la mesure est essentiellement morale. A une époque où nous voyons le groupement des intérêts se produire avec une rare énergie, il est permis d'inférer que, tôt ou tard, les fabricants français devront s'engager dans cette voie.

Mais qu'adviendra-t-il de ces groupements corporatifs réalisés par la force des choses au sein même de chacune des grandes puissances industrielles? Quelles seront les conséquences d'une lutte entre des syndicats de nationalités différentes? Ne peut-on redouter qu'elle puisse influencer l'opinion publique et peser sur les décisions des gouvernements? C'est là une redoutable inconnue que nous ne pouvons envisager sans émoi; la logique ne nous montre-t-elle pas où peut conduire l'antagonisme des intérêts économiques. Espérons que d'ici là on saura entrevoir une solution en harmonie avec le bonheur de l'humanité.

II

OBJETS DE VOYAGE ET DE CAMPEMENT.

VOYAGE.

La diversité des objets qui rentrent dans cette catégorie suffirait à elle seule à montrer l'importance prise par le matériel qui constitue le bagage du voyageur.

Faire l'historique des objets de voyage serait en quelque sorte refaire l'histoire du monde et dépasserait nos forces. Le cadre qui nous est tracé nous permettra de rester modeste.

Nous rappellerons brièvement que les peuples primitifs durent faire usage de liens ou d'attaches pour maintenir les objets usuels qu'ils emportaient dans leurs migrations. Par la suite, ils employèrent des peaux de bêtes pour la confection des ballots, puis quand l'homme eut acquis l'art de tisser, il se servit de la toile pour confectionner des sacs et, dès la naissance des richesses, la besace fit son apparition.

Avec les progrès de la civilisation apparut le coffre aux formes massives, puis vint le coffret dont les dimensions moindres et la légèreté sollicitèrent le talent des premiers artistes qui employèrent à l'orner toutes les ressources de leur imagination.

Les documents les plus anciens, prolongement de la tradition, nous initient aux détails de construction de ces objets. Lors de la guerre de Troie, les coffres étaient en bois massif et fermés à l'aide de liens; leur ajustage dénotait de la part des ouvriers une réelle habileté. Par la suite on employa le métal pour les consolider, puis on en fit en bronze massif. Véritables bahuts, ils servaient à la fois de banquettes et de coffres dans lesquels étaient enfermés les bijoux, les chlamydes luxueuses, les provisions de bouche, etc. Ils étaient montés sur quatre pieds, les panneaux ornés soit de sculptures, soit de dessins polychromes. Enfin certains coffres, appelés *arca*, se distinguaient par leurs grandes dimensions et formaient au besoin une couchette.

Si les coffres présentaient par leur construction massive des garanties de durée, leur poids, par contre, offrait de réels inconvénients. Aussi chercha-t-on à y obvier en les confectionnant à l'aide de matériaux souples, légers et solides, toutes qualités que l'osier réunissait si heureusement. C'est ainsi que l'*Iliade* nous décrit les paniers qu'emportait Priam allant à la recherche du corps d'Hector. C'étaient de véritables *baskets* qui servaient à transporter des voiles, des tuniques, des écharpes, etc., tous objets fragiles et délicats.

A côté de ces coffres ou paniers aux dimensions volumineuses, les Grecs faisaient usage de petits coffres portatifs, tels les *capsa* et les *theca*. Les capsa étaient de véritables cassettes dans lesquelles les femmes conservaient leurs parfums ou des objets de toilette. Ces capsa munies de banderolles ou de chaînettes servaient de gibecières aux écoliers pour serrer leurs tablettes et les jetons à l'aide desquels ils apprenaient à compter. La theca était affectée à la conservation des documents.

L'apparition des serrures sur les coffres paraît remonter à l'époque de Périclès.

Enfin si nous passons aux coutumes romaines, nous savons que, dans les tombeaux étrusques, on a trouvé des coffres en hêtre massif munis de serrures et placés à proximité du mort étendu sur son lit de repos. Dans le tombeau de Coere, on a trouvé un coffre sur lequel étaient posés le bouclier et les armes du défunt.

Le trésor que les Romains constituèrent après l'invasion des Gaulois (390 av. J.-C.) fut enfermé dans des bahuts de bois garnis de plaques de fer. Ces caisses reçurent le nom d'*arca ferrata*; on en a trouvé deux spécimens dans la *maison du questeur* à Pompéi. Ces deux *arca ferrata* étaient fixées sur un socle de pierre à l'aide de longues pointes traversant le fond du coffre. Elles étaient garnies de larges pentures en fer forgé contourné, et le couvercle, muni de deux charnières, se fermait à l'aide d'une serrure.

Nous arrivons au moyen âge. Les deux pièces les plus anciennes que l'on connaisse et dont la construction remonte à l'époque mérovingienne sont le coffret en bronze d'Envermeu et le coffre de sainte Colombe.

M. Vuitton, dans l'ouvrage duquel nous avons puisé de précieux et de nombreux renseignements, fait la description suivante de la dernière pièce :

Le bahut de sainte Colombe est fort bien conservé; la carcasse en bois est recouverte d'une peau de vache tannée et consolidée par de longues ferrures aux dessins capricieux. Le cuir, malheureusement, s'en va en lambeaux. Ce coffre fut trouvé à Sens; on le croit dater de 752 sous le règne de Dagobert [1].

Dans l'inventaire d'une villa de Charlemagne nous relevons ce qui suit :

Avons trouvé...... deux bahuts, un grand et un petit, l'un destiné à renfermer des provisions et l'autre pour les vêtements, tous deux fermant à moraille et se pouvant charger pour le voyage.... [1].

Le bahut primitif ne fut, à l'origine, qu'une enveloppe, et comme le fait remarquer M. Vuitton, on appelait encore ainsi, au moyen âge, une sorte de cage en osier tressé, recouverte de peau de vache, renfermant un coffre en bois dans lequel on déposait les vêtements et généralement tous les objets nécessaires pour une longue absence.

D'objet transportable, le bahut devint par la suite un meuble fixe avec compartiments ou tiroirs, le couvercle recouvert de coussins le transformant en coffre-banquette.

La confection des bahuts, coffres, coffrets et malles prit en France une extension telle que, au moyen âge, nous trouvons des documents établissant l'importance de cette

[1] *Le Voyage*, par L. Vuitton. Paris, Dentu. 1894.

industrie qui se subdivisait en différentes branches toutes soumises à la réglementation du travail qui caractérise l'organisation de la société à cette époque.

Dans les Établissements ou statuts des métiers de Paris (1260), dont la rédaction est due à Étienne Boileau, qui divise les corps d'état en cent corporations, nous trouvons au paragraphe 19 les *Boîtiers et faiseurs de serreures à boîtes*. Les *huchiers* ou fabricants de bahuts et gros coffres étaient rattachés à la corporation des charpentiers (§ 47).

Plus tard, par ordonnance de juin 1467, Louis XI modifie cette classification et divise les gens de métiers et marchands de Paris en soixante et une compagnies ayant chacune sa bannière: les *cormiers* (fabricants de menus ouvrages en fer), *selliers*, *coffriers* et *malletiers* formant la douzième compagnie; les *huchiers, comprins les varlets besongnans sur les bourgois*, composant la vingt-quatrième.

Cette réglementation répondant aux besoins d'une époque n'en constitua pas moins, par la suite, les pires entraves à l'essor de l'industrie. Les corporations étaient en quelque sorte subordonnées les unes aux autres, et les huchiers ne pouvaient confectionner eux-mêmes les clous destinés à orner leurs bahuts; il leur fallait s'adresser aux *cloustiers*; de même les boîtiers étaient tenus de demander leurs boucles aux *boucliers de fer*; ils s'adressaient aux *fondeurs* et *molleurs* pour les ornements de bronze, et c'est chez les *baudroiers* qu'ils s'approvisionnaient des cuirs destinés à recouvrir les malles.

Cette industrie aurait été menacée de végéter et de s'anémier par suite de l'absence de compétition si les besoins de la couronne n'avaient incité les agents du fisc à recommander au pouvoir royal l'augmentation du nombre des maîtrises. Cette mesure eut pour résultat de provoquer chez les maîtres plus nombreux une émulation profitable; elle eut aussi pour effet de constituer des ressources extraordinaires auxquelles le Gouvernement n'avait que trop souvent recours.

Aussi attribuons-nous surtout au besoin d'argent la faveur avec laquelle fut accueillie la requête des *coffretiers-malletiers* de former une corporation spéciale, qui fut autorisée en 1596. Le prix de la maîtrise fut fixé à 750 livres. Le brevet n'était accordé qu'après versement de cette somme et après justification de cinq ans d'apprentissage et de cinq ans de compagnonnage. Défense était faite à ces artisans de travailler avant cinq heures du matin et passé huit heures du soir à cause de la *grand noise* qu'ils faisaient avec leurs marteaux. Il suffit de passer devant l'atelier d'un emballeur pour comprendre le bien fondé d'une semblable mesure.

C'est à partir du xvᵉ siècle que l'on commença à établir des modèles plus légers à l'aide de montants, de traverses et de panneaux minces; les coffres ouvragés furent recouverts de cuir de Cordoue ou de Venise; les objets plus simples furent doublés de cuir ordinaire gaufré ou enluminé au pinceau.

Dès lors, deux sortes de coffres pour le voyage : le *bahut,* meuble de grandes dimensions et d'assemblage massif, et la *malle* ou *mallette* réduite parfois aux proportions d'un écrin.

Le bahut comprenait généralement quatre compartiments renfermant l'un la vaisselle, l'argenterie et les épices, le second le linge et les onguents, le troisième les vêtements, le dernier enfin les armes. Ces bahuts avaient un couvercle et deux vantaux s'ouvrant à l'aide de charnières; le système de fermeture consistait en une serrure à moraillon.

La mallette se composait d'un fût de bois généralement recouvert de drap: quoique ses dimensions en aient fait un meuble très portatif, c'était encore un *impedimentum* avec lequel il fallait compter, surtout pour le voyageur à cheval. C'est alors qu'apparurent la *varise* et la *bouge*.

La varise ou valise était une sorte de porte-manteau ou de sacoche entièrement en cuir: on l'attachait pour voyager au troussequin de la selle. La bouge différait de la valise moins par les proportions que par sa composition : elle était formée d'une carcasse en bois recouverte de cuir.

Sous le règne de Louis XIV apparaissent enfin les malles de formes et de composition sensiblement pareilles à celles de notre époque. Le musée de Cluny en possède différents types dont les caractères généraux sont les suivants : dans l'une, la carcasse en bois est recouverte de peau sciée sur le devant, les bouts et le couvercle qui est bombé; elle est ornée de clous à tête cuivre étampés disposés pour représenter des attributs ou pour encadrer des motifs de bronze. L'autre modèle affecte la forme plate, le fût est en osier tressé avec couverture de cuir épais: elle est munie d'armatures en fer se composant de cinq pentures ciselées au burin, courbées pour emboîter le couvercle et disposées perpendiculairement deux à chaque bout, et la dernière au milieu se prolonge par un moraillon à charnière qui vient s'adapter à la serrure placée sur la face principale.

L'industrie du voyage tend, on le voit, à se transformer et, ainsi que l'observe M. Vuitton, « on va petit à petit abandonner le coffre lourd et somptueux pour arriver à des objets en cuir moins pesants, qui prendront le nom de *vache* lorsqu'ils seront placés derrière la chaise de poste par opposition au *veau*, valise plus petite placée au-dessous de l'appui-pieds du cocher [1] ».

Nous voici au XIXe siècle et le progrès marche à pas de géant, le goût des voyages se développe avec la sécurité des chemins et surtout avec les perfectionnements apportés dans les divers systèmes de locomotion.

La disparition des berlines et des chaises de poste, leur remplacement par les chemins de fer furent la cause des modifications essentielles apportées aux articles de voyage. Nous voyons apparaître les modèles courants; voici le type *voyageur* imaginé spécialement pour les représentants de commerce. C'est une malle en bois munie de fortes poignées et courroies en cuir avec des dispositions intérieures variant selon les objets qu'elle doit renfermer.

C'est en 1845 que parut la *marmotte*, valise à échantillons dont le succès fut considérable et dure encore.

[1] *Le Voyage* (ouvrage déjà cité).

Le *porte-manteau* que nous avait légué le siècle précédent, étant jugé trop encombrant pour les voyageurs cherchant à réduire leur bagage au strict nécessaire, fut remplacé par le *sac de nuit*, sorte de poche en tapisserie ou en reps doublé de forte toile qu'on fermait par une corde passée dans des anneaux formant coulisse à la partie supérieure. Ce sac, quels que fussent les services qu'il rendait, manquait complètement d'élégance: il avait généralement l'aspect d'un ballot informe.

Pierre Godillot le transforma en sertissant l'ouverture sur un feuillard faisant fermoir; les extrémités de ce fermoir étaient superposées: un rivet fixé à leur croisement permettait de développer les deux parties mobiles en cadre dont la fermeture fut assurée d'abord par deux pitons et un cadenas, puis par une petite serrure. Deux poignées en cuir fixées sur le sac même permettaient de le porter aisément à la main.

Fig. 35. — Malle à compartiments.

Ce sac était, à la partie inférieure, doublé d'un morceau de carton destiné à lui donner une base. La fragilité même de ce fond engagea l'inventeur précité à monter son sac sur une petite valise en cuir fermée par deux courroies avec boucles et une petite serrure à moraillon; ce fut le *sac de voyage* dont le succès a été immense.

Une invention vint encore marquer un nouveau progrès, nous voulons parler du *chemin de fer*, terme qui a à peu près disparu et que l'on a remplacé par l'ancienne désignation générique de *valise* ou encore par la qualification de *malle jumelle*. Ce modèle consiste en deux demi-valises se superposant l'une sur l'autre et se servant réciproquement de fond et de couvercle: les deux parties sont réunies par une charnière et sont entourées de deux courroies à boucles-rouleaux assujetties dans des passants; ces courroies soulagent la serrure qui complète le système de fermeture. Ces valises jumelles sont faites en vache doublée entièrement de coutil rayé, avec un volant intérieur formant couvercle.

A côté de l'article solide et soigné établi pour une clientèle aisée, on fait des valises en carton recouvert de toile ou même de papier parcheminé imitant le grain de la peau. Inutile d'ajouter que leur durée est proportionnelle à la résistance des matériaux employés.

On désignait sous le nom de *chapelière* une malle longue, étroite, au couvercle légèrement bombé et recouverte de poils de chèvre. Ce modèle, qui remonte à 1840, est presque abandonné maintenant.

La malle plate n'est pas encore parvenue à faire délaisser les malles hautes à couvercle bombé; sous le rapport des formes, nous n'avons pas d'innovation à signaler. Il n'en est pas de même en ce qui concerne la malle elle-même, tant au point de vue de sa construction que des matériaux nécessaires pour l'établir. C'est, du reste, un phénomène facile à expliquer; et pour comprendre la direction vers laquelle se sont portés les efforts des fabricants, il nous faut résumer les *desiderata* formulés par la grande majorité des consommateurs.

Les deux conditions essentielles que doit remplir une malle sont la légèreté et la solidité : la légèreté, afin de diminuer le *poids mort* et de rendre la manutention plus facile; la solidité, afin de supporter les chocs inévitables en cours de route.

La durée d'une malle est intimement liée à l'observation de ces conditions, dont l'une, la légèreté, se trouve avoir d'autant plus d'importance que la franchise de transport dont jouissent les bagages dans certains pays est parfois très limitée.

La partie principale d'une malle, celle qui fait sa force, c'est le fût. Tous les efforts doivent donc tendre à alléger le fût sans nuire à la solidité. C'est ainsi qu'on a imaginé de remplacer le coffre en bois par une cage en osier recouverte d'une toile cuir ou d'une forte moleskine. Ces malles dites *baskets* sont fort appréciées.

Fig. 36. — Malle moderne.

Mais il est bien rare de réunir tous les avantages, et la basket n'échappe pas à la critique; sa durée est compromise par suite de l'insuffisance de solidité.

Il y a bien la malle tout en cuir que l'on a faite avec des nervures d'acier pour assurer la rigidité des parois, c'est, du reste, ce qui se fait de mieux; mais ici encore s'élève une objection : le prix. Voilà donc un autre élément avec lequel il faut compter, et ce n'est pas le moindre.

On a alors imaginé des tissus réunissant à divers titres les conditions de légèreté et de solidité recherchées, et c'est ainsi que nous avons eu à examiner des toiles métalliques, des tissus de bandes d'acier tressées, des toiles de roseau, des tissus jonc, des assemblages de copeaux et enfin des bois de placage. Ces différentes combinaisons ont permis de réaliser des diminutions de poids assez grandes pour justifier la notice que nous réservons à ces efforts que le succès a couronnés.

Du côté des serrures, des perfectionnements notables ont été également réalisés, tant par la création de serrures à butoir que par la confection de serrures de sûreté à nombreuses gorges, si minces, que l'on n'a plus à redouter l'insuffisance d'épaisseur du fût pour l'assujettir d'une manière efficace.

De ce qui précède et à la suite de l'examen auquel a procédé le Jury, ressort une fois de plus cette vérité, qu'il est bien difficile de trouver quelque chose de nouveau sous le soleil. N'avons-nous pas dit que nos devanciers, il y a des siècles, avaient su combiner l'osier et le cuir pour faire des coffres aussi légers que possible; la basket n'est-elle pas la réédition d'une idée qui s'est manifestée il y a des milliers d'années? Mais si les industriels anciens ou modernes se sont rencontrés sur un même terrain, il n'en est pas moins vrai que la partie est infiniment plus belle pour nos fabricants contemporains, auxquels les progrès réalisés permettent de traiter le bois ou le métal dans des conditions infiniment plus favorables que ne pouvaient le faire les huchiers d'autrefois.

Nous avons constaté avec la plus grande satisfaction que la fabrication française, dans l'article soigné surtout, n'a rien perdu des qualités qui ont fait sa lé-

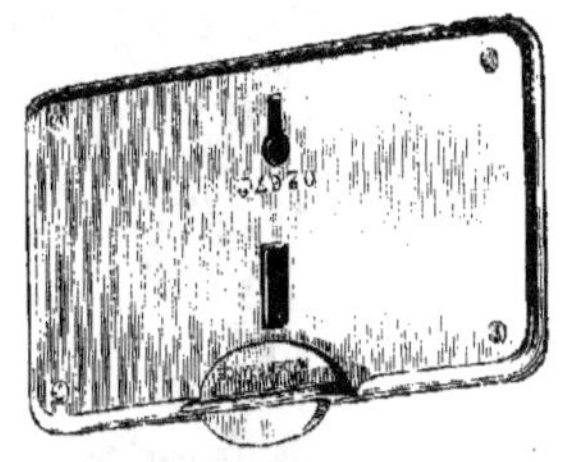

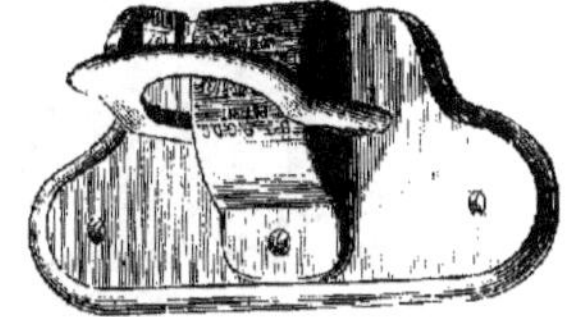

Fig. 37, 38.   Serrures de malle.

gitime réputation. Le goût est aussi affiné qu'autrefois, plus même dirons-nous, car les modèles se sont épurés; les ornements qui alourdissaient les malles ont disparu. Ce qui caractérise le style de notre époque, c'est l'abstention de toute surcharge: aussi l'apparence des malles a-t-elle gagné en légèreté.

À côté de la malle et de la valise qui constituent les principaux objets de voyage, il existe une variété assez grande d'autres articles qui sollicitent notre attention.

Peut-on dénier l'importance qui s'attache aux paniers garnis, véritable sauvegarde des excursionnistes affamés? C'est grâce à ces buffets, essentiellement portatifs, que l'on peut s'installer dans les endroits les plus déserts, souvent les plus pittoresques, pour déjeuner à l'aise, avec un confort qui satisfait les plus délicats. Grâce aux perfectionnements réalisés, l'agencement de ces paniers ne laisse rien à désirer, tant sous le rapport des espaces utilisables que sous celui des risques en cours de route. Un aménagement approprié, d'heureuses combinaisons permettent à la garniture de voyager sans redouter l'effet des chocs. Nous avons vu des intérieurs de paniers tout en métal; ces garnitures d'ancien style offrent une garantie de durée avec laquelle il faut compter, mais combien plus flatteurs sont les intérieurs composés de pièces en porcelaine diaphane ou de cristaux scintillants !

Les paniers d'origine anglaise nous ont paru réunir toutes les conditions désirables : minimum de volume pour un maximum de contenu. Ajoutons que le fini de la fabrication était parfait.

L'emploi de l'osier s'est non seulement étendu à la confection de malles et de paniers, mais encore à la préparation de valises que les Japonais principalement ont établies avec le soin méticuleux que l'on observe généralement dans leurs productions.

Fig. 39. — Nécessaire de toilette.

Nous réserverons une mention spéciale aux nécessaires de voyage qui constituent de véritables articles de luxe. Confectionnés avec les cuirs les plus beaux, ils se présentent avec un cachet d'élégance que seule une fabrication très soignée permet d'atteindre. Mais si l'extérieur sollicite déjà nos suffrages, que dire de l'intérieur comprenant le plus souvent une garniture de toilette composée de flacons de cristal merveilleusement taillés, jetant par leurs facettes mille feux éblouissants. Ces flacons sont généralement encapuchonnés de couvercles d'or ou d'argent, chefs-d'œuvre de l'orfèvre.

Les fabricants français ont eu de redoutables adversaires dans leurs concurrents anglais, russes et italiens, qui ont envoyé leurs plus beaux modèles et ont voulu affirmer ainsi les progrès réalisés dans leur pays.

Nous n'avons pas pu exercer notre jugement sur un assez grand nombre d'expositions composées d'une grande variété de nécessaires de voyage, certains intéressés s'étant réclamés soit de la Classe 93 (orfèvrerie), soit de la Classe 98 (maroquinerie, tabletterie, etc.), par la raison que les sacs eux-mêmes rentrent dans la maroquinerie et que les garnitures sont du domaine du brossier, de l'orfèvre ou du maître-verrier.

A côté de ces objets encore assez volumineux, il faut, pour compléter la nomenclature des articles de voyage, ajouter les chancelières, chaufferettes de voiture, les gourdes, étuis divers, coussins autres que ceux en caoutchouc, etc.

Parmi ces articles, certains objets, tels les chaufferettes de poche et les coussins en papier, de fabrication japonaise, méritent une mention spéciale. Ces articles sont intéressants surtout par la modicité de leur prix. Ils dénotent en outre des moyens de production mécaniques qui donnent singulièrement à penser sur l'avenir du Japon, qui affirme son génie créateur dans toutes les branches industrielles.

Les chaufferettes qui nous ont été soumises sont établies en vue d'une consommation purement locale, mais la façon dont elles sont fabriquées témoigne des progrès considérables accomplis dans l'art de travailler le métal.

Quant aux coussins de papier, c'est un article d'une grande fragilité et qui n'échappe ni aux accrocs ni aux piqûres, encore est-il possible de procéder à des réparations sommaires : on peut, à l'aide d'un morceau de papier gommé, instantanément et sans frais, réparer un accident. Ce qui nous a surtout frappé, c'est la résistance à la pression que présentent ces coussins sur lesquels une personne corpulente peut s'asseoir sans crainte : preuve inéniable de la qualité du papier et de son enduit dont la souplesse est remarquable.

CAMPEMENT.

L'industrie du campement comprend non seulement les abris passagers permettant à l'homme de se garantir contre les intempéries, mais encore le matériel accessoire destiné à compléter toute installation ayant un caractère provisoire.

Cette industrie remonte à la plus haute antiquité; elle a certainement précédé l'art d'écrire; la tente n'était-elle pas l'élément principal du campement des peuples nomades?

Il ne nous est pas possible de déterminer son origine, mais il est permis de dire que l'invention de la tente a réalisé un progrès considérable. Elle a permis à l'homme de se déplacer commodément en rendant inutile la construction de huttes de branchages dont elle était du reste l'image, avec l'avantage d'une mobilité qui en fit généraliser l'emploi.

Il est vraisemblable que les premières tentes furent faites avec des peaux tendues sur trois branches d'arbre assemblées par le haut et formant support. Quand l'homme fut à même de filer le lin, il employa la toile pour confectionner des tentes et parvint à les rendre imperméables en les enduisant d'huile ou de graisse.

La tente qui paraissait, à l'origine, ne devoir être qu'un instrument de civilisation entre les mains des peuples migrateurs, fut détournée de ce but par les usages qu'en firent les armées. Les documents les plus anciens, la Bible, *l'Iliade*, etc., nous montrent tour à tour l'usage qu'en faisaient les nomades et les guerriers.

La tente la plus simple se compose de deux panneaux d'étoffes se rencontrant sous un angle aigu dont le sommet est opposé à la base; on la ferme à l'aide de deux autres panneaux triangulaires; ceux-ci relevés en auvent permettent d'établir un courant d'air assurant l'aération de l'espace enclos. C'est le type de la *tente-abri* encore en usage dans l'armée française.

Un autre genre de tente est celle qui, montée sur un mât central, affecte la forme d'un cône: c'est la tente dite *marabout*. C'est dans cette catégorie qu'il faut ranger les tentes en usage autrefois. Les arts en ont consacré la forme dans les tableaux qui ont reproduit les épisodes de la guerre de Troie, de la conquête de Jérusalem, etc.

Le Camp du Drap d'Or était formé de tentes montées sur un bâti en charpente; l'étoffe qui les recouvrait était tissée d'or et de velours, rehaussée de crépines d'or également. Ces tentes, ainsi que les vastes palais de toile que l'on édifie pour des fêtes ou pour des solennités temporaires, rentrent plutôt dans l'art de la construction et ne sauraient être comprises dans le campement proprement dit, dont la caractéristique est surtout la mobilité.

L'industrie moderne, sollicitée par les demandes, a parfaitement compris du reste la nécessité de préparer des abris d'une excessive mobilité, et elle est parvenue à établir des tentes d'une légèreté remarquable, permettant à nos vaillants explorateurs de trouver un confort relatif dans les régions sauvages qu'ils parcourent. De notables perfectionnements ont été obtenus dans cette voie, et l'on est parvenu à faire des tentes, véritables pavillons démontables, dont les éléments constitutifs sont interchangeables, ce qui constitue un immense progrès. Il nous est agréable de signaler les améliorations réalisées pour assurer l'aération des tentes par l'établissement de doubles parois dans lesquelles sont pratiqués des évents à l'aide desquels on obtient une ventilation active. Grâce à ces heureuses dispositions, le voyageur n'a plus à redouter les effets du soleil tropical.

Enfin, la mode s'étant répandue d'installer dans les parcs, dans les jardins ou sur les plages, des abris permettant de braver les effets du hâle et du soleil, nos constructeurs ont créé des tentes légères, d'un montage facile, qui répondent aux exigences des plus délicats. C'est par milliers qu'il faut compter le nombre de ces abris sortant chaque année de nos fabriques pour aller jeter les notes éclatantes de leurs coloris sur les fonds de mousse ou de sable empourprés par les rayons du soleil estival.

Mais la tente n'est qu'un abri, elle doit être complétée par divers objets mobiliers : couchettes, sièges, etc.

Dans les temps primitifs, l'homme préparait sa couche par un amas de peaux de bêtes; l'invention du hamac permit de disposer d'un mode de couchage moins encombrant. Cette découverte est attribuée à Asclépiade, le poète licencieux de Samos : nous voyons difficilement un fils des Muses quitter les hauteurs du Parnasse pour se livrer à la fabrication de cet objet usuel, et croyons tout simplement que l'origine du hamac se rattache à la découverte des cordages et du filet.

L'usage du hamac fut vulgarisé par le sensuel Alcibiade qui s'en servit pour éviter les inconvénients du roulis, dans les traversées que fit ce célèbre Athénien.

On sait du reste que les matelots n'ont pas d'autre couchette. Dans notre ancienne marine, on la nommait *branle*, par suite du mouvement imprimé au corps sous l'effet des vagues, d'où l'expression de *branle-bas* ou *bas les branles,* commandement ayant pour objet d'assurer la libre circulation dans les ponts et de dégager les batteries au moment où le combat devient imminent. Le *branle* se composait d'un morceau de forte toile de 2 mètres de long sur 1 mètre de large; sur les grands côtés étaient fixés les œillets dans lesquels on passait les filets qui se réunissaient à chaque bout en une boucle servant à accrocher l'appareil que l'on complétait avec un matelas, des draps et des couvertures; dans la marine anglaise, les hamacs étaient rendus rigides par des cadres de bois.

Lors de la découverte de l'Amérique, il fut donné aux Espagnols de constater que la civilisation des peuples qu'ils venaient asservir, comparée à la leur, présentait de nombreuses analogies : témoin notamment le hamac dont les Caraïbes faisaient usage de qu'ils fabriquaient avec une écorce filamenteuse, tressée en une sorte de filet.

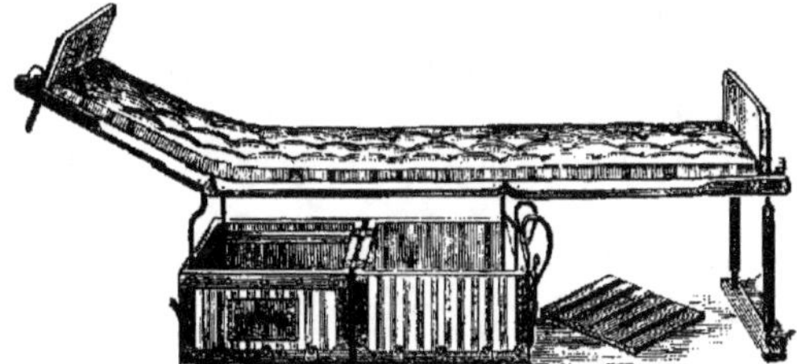

Fig. 40. — Lit de campement.

En dehors des applications à la marine, le hamac suspendu par ses extrémités à une longue tige de bambou a servi à promener les indolentes créoles; monté différemment, il est devenu un accessoire mobilier, à la fois siège et berceuse, destiné à augmenter le bien-être des installations à la campagne. On a varié ses formes et sa composition : il y en a en fils de chanvre, en aloès, en coton ou en soie, avec des fils de couleurs différentes qui permettent d'obtenir par entrecroisement des combinaisons de nuances agréables à la vue. On a perfectionné le hamac en le suspendant à des chevalets et en l'articulant de façon à lui donner les commodités d'un fauteuil oscillant.

Mais le hamac classique, s'il nous est permis de nous exprimer ainsi, c'est-à-dire le filet fusiforme, suspendu aux deux extrémités, n'offre qu'un confort très relatif. Le souci que l'on attache au bien-être dû à nos officiers en campagne et à nos hardis explorateurs a fait délaisser ce mode de couchage, pour le remplacer par le lit de campement, léger et solide à la fois, comportant, par d'ingénieuses dispositions, une tresse métallique assez souple et assez élastique pour faire sommier et qui, par l'adjonction d'une couverture, constitue une agréable couchette. La facilité avec laquelle on peut plier ces lits dans une caisse de faibles dimensions en rend l'usage très courant et permet de réunir les conditions de légèreté et de mobilité si appréciées par les porteurs.

Parmi les petits accessoires de campement dont l'utilité n'est pas contestable, il convient encore de signaler les tables et sièges pliants, en métal ou en bois, appelés à compléter un mobilier sommaire, mais hautement apprécié par le voyageur.

La confection de ce petit matériel témoigne des efforts faits pour répondre aux *desiderata* des consommateurs. Ici encore, nous avons constaté avec satisfaction de nombreux progrès.

SITUATION GÉNÉRALE.

La situation générale des industries du voyage et du campement est très satisfaisante. La facilité des moyens de transport, l'extension des réseaux ferrés, l'augmentation des communications avec les pays d'outre-mer, ont eu pour conséquence de développer considérablement le goût des voyages et des déplacements; d'où l'importance croissante de la production des articles de voyage. De plus, le grand mouvement colonisateur, qui remonte à 1885, n'a fait que s'accentuer et provoquer des demandes qui ont profité à nos manufactures.

Les principaux centres de production sont, en France, Paris, Lyon, Toulouse, Bordeaux, Angers, etc.

Les matières premières utilisées par ces industries sont les tissus de lin, de chanvre et de coton, les cuirs, bois, serrures, et une infinité de pièces accessoires en bronze, fer, acier, voire en aluminium.

La fabrication, relativement simple, est généralement manuelle; cependant nous constatons ici encore une tendance à recourir aux procédés mécaniques.

Les salaires moyens sont de 0 fr. 60 l'heure pour les hommes et de 0 fr. 40 pour les femmes. Jusqu'à présent, il ne s'est pas produit de grève dans ces industries qui n'exigent pas de connaissances spéciales.

Le nombre des établissements et des ouvriers occupés en France est établi comme suit (voir page 69) :

Les principaux centres de consommation sont les têtes de lignes ferrées et les places maritimes : Paris, Marseille, le Havre, Bordeaux, Nantes, etc.

L'évaluation du chiffre total de la production ne peut être qu'approximative, aucun document statistique officiel ne permettant de trouver une base rigoureuse d'appréciation. Nous estimons à 4 millions le chiffre d'affaires des articles de voyage et de campement. Si l'on tenait compte de la valeur des nécessaires de voyage, des trousses, des emballages en général, des bâches pour couvertures mobiles, nous obtiendrions un chiffre beaucoup plus considérable, mais ne représentant pas, à notre avis, l'importance exclusive des articles rattachés à la Classe 99.

INDUSTRIES.	NOMBRE des ÉTABLISSEMENTS.	NOMBRE des PERSONNES occupées.	PRINCIPAUX CENTRES de PRODUCTION.
Articles de voyage, malles, etc.............	81	1,850	Seine. Haute-Garonne.
Caisses d'emballage, haras, etc..............	108	2,900	Seine, Marne. Oise, Charente. Gironde, etc.
Layetiers-emballeurs.....................	133	5,500	Seine. Bouches-du-Rhône.
Bâches et tentes, campement..............	28	1,100	Somme. Seine. Maine-et-Loire.

Il convient d'enregistrer les efforts faits par les fabricants français pour développer leurs affaires avec l'étranger. Grâce aux progrès réalisés, ils ont réussi à établir un courant de ventes au dehors qui a eu pour conséquence un ralentissement dans les importations.

III

RÉCOMPENSES.

Le Jury a décerné 106 récompenses, dont voici le détail :

	FRANCE ET COLONIES.	ÉTRANGER.
Grands prix.	1	1
Médailles { d'or	16	3
d'argent	18	25
de bronze	9	21
Mentions honorables	3	9

Il a, en outre, accordé 86 récompenses aux collaborateurs qui ont été signalés à son attention, savoir :

	FRANCE ET COLONIES.	ÉTRANGER.
Médailles { d'or	14	2
d'argent	25	7
de bronze	20	4
Mentions honorables	6	8

On pourrait s'étonner de la parcimonie avec laquelle le Jury a distribué les récompenses ; quelques explications à ce sujet sont nécessaires.

Lors de la réunion des Jurys de Classes, dont l'assemblée générale eut lieu le 23 mai 1900, au palais du Trocadéro, sous la présidence de M. Millerand, Ministre du commerce, de l'industrie, des postes et des télégraphes, M. le Commissaire général indiqua d'une façon très précise les conditions que devaient remplir les exposants pour l'attribution des diverses catégories de récompenses, en insistant particulièrement sur la sévérité que devaient montrer les Jurys dans leur appréciation, afin de conserver à chacune d'elles son caractère propre, dont la valeur serait rabaissée si les récompenses supérieures étaient distribuées dans de trop grandes proportions.

C'est en observant avec une scrupuleuse attention ces indications formelles, que le Jury de la Classe 99 a procédé à ses délicates opérations, et grande a été sa surprise quand il a vu que, dans nombre de Classes, on avait cru pouvoir s'écarter des recommandations de M. le Commissaire général et attribuer les récompenses d'une façon infiniment plus libérale.

Quand le Jury eut connaissance des décisions des autres Classes, il était malheureusement trop tard pour remanier un classement qui aurait dû être refait de fond en comble ; plusieurs collègues ayant déjà quitté Paris, il n'était pas possible aux jurés domiciliés dans la région parisienne d'apporter des modifications qui, pour être valables, auraient dû être sanctionnées par les votes du Jury au complet.

C'est alors que l'on a regretté plus vivement que jamais de n'avoir pas vu figurer dans l'échelle des récompenses un prix intermédiaire entre la médaille d'or et le grand prix, ce qui aurait permis de reconnaître les louables efforts faits par d'honorables maisons auxquelles des médailles d'or ont été décernées en 1867, 1878, 1889 et en 1900.

Nous croyons devoir rappeler que, déjà en 1889, le Jury de la Classe correspondante (Classe 39) avait attribué, à l'unanimité, des diplômes de grand prix aux maisons C. Guibal, A. Hutchinson et Cie, usines Rattier, et que ces récompenses n'avaient pas été maintenues par le Jury supérieur, malgré les propositions de la Classe confirmées par le Jury de Groupe.

Ce précédent, de nature à porter atteinte à la considération du Jury, a eu pour résultat d'augmenter une circonspection que les paroles de M. le Commissaire général avaient déjà éveillée. Nous avons jugé indispensable de rappeler ces faits pour que l'on puisse comprendre dans quelles conditions le Jury de la Classe 99 a rempli sa mission.

Ceci dit, nous allons passer en revue les expositions individuelles, en observant la classification du catalogue, c'est-à-dire l'ordre alphabétique.

L'AMERICAN WRINGER COMPANY, de New-York (médaille d'argent), nous présente des essoreuses qui rentreraient dans la Classe de la mécanique générale, mais étant donné l'importance de la fabrication des rouleaux en caoutchouc qui garnissent l'axe des cylindres compresseurs, le Jury a cru devoir examiner plus spécialement cette fabrication.

On se rappelle la maxime de Napoléon Ier; sa recommandation de laver son linge sale en famille est appliquée aux États-Unis, où, l'industrie du blanchissage n'étant pas conduite comme chez nous, il est d'usage de procéder au nettoyage du linge dans chaque ménage. L'essoreuse est donc un appareil que l'on trouve dans presque chaque maison, d'où une consommation très importante. L'American Wringer Co a trouvé dans l'établissement de ces appareils une base de fabrication d'une telle activité, qu'elle annonce une production quotidienne de 3,500 essoreuses et de 8,000 rouleaux. Un pareil mouvement nous confirme la densité de la population américaine et son souci de la propreté.

La maison ANDREASSEN (Joh.-S.), de Christiania, expose un appareil à sécher les chaussures qui lui a valu une mention honorable.

Dans l'exposition des produits de la maison ANDERSON, ANDERSON et ANDERSON, de Londres (médaille d'argent), notre attention s'est arrêtée sur des tissus imperméabilisés, dont l'enduit est imprimé en plusieurs couleurs, de façon à simuler non seulement les dessins d'une doublure, mais à donner à cette impression, par des couleurs savamment composées, l'apparence de la soie, à tel point que, même à faible distance, le revers d'un vêtement parait doublé avec une étoffe de grande valeur. Cette innovation heureuse n'a pas seulement pour objet d'embellir l'étoffe imperméabilisée, elle permet encore de confectionner des vêtements d'une légèreté extraordinaire. Ce procédé a été vulgarisé, et nous aurons, par la suite, l'occasion d'en signaler de nouvelles applications.

En dehors des vêtements, la maison Anderson, Anderson et Anderson utilise les tissus simples ou doubles qu'elle fabrique, à la confection d'articles divers, tels que chapeaux, jambières, bas de pêcheurs, coussins, oreillers, *hold-all*, etc.

Les établissements ARAWAM MILLS, de Middleton [Connecticut] (médaille d'argent), nous montrent l'importance de la fabrication des hamacs. M. Palmer (I.-E.), qui dirige cette entreprise, a cherché à réaliser la perfection dans cet article en se livrant à une fabrication raisonnée des tissus susceptibles de présenter la plus grande solidité jointe à d'ingénieuses dispositions de croisement de fils multicolores pour obtenir les effets les plus agréables à la vue. De plus, il a apporté des perfectionnements au hamac que l'on se représente généralement sous la forme d'un filet allongé, d'un confort très relatif. Les améliorations réalisées par M. Palmer ont permis d'articuler le hamac et d'en faire, par l'adjonction d'un chevalet, un fauteuil suspendu auquel on peut imprimer un léger balancement. Cette sorte de berceuse est très appréciée aux États-Unis.

Les Arawam Mills nous ont aussi montré des spécimens de moustiquaires fort judicieusement établis pour en permettre l'emploi au touriste, quelles que soient les dispositions des lits qu'il doit occuper.

La maison ARTUS, de Paris (médaille d'or), a présenté une très belle collection de malles soignées, sous les diverses formes et apparences qu'exigent les consommateurs. A côté des malles ordinaires, dont le fût en bois est recouvert de toile, dite *pégamoïde*, ou d'étoffe imperméabilisée par un enduit à base d'huile de lin, nous remarquons la malle-commode, dont les compartiments peuvent se manœuvrer comme des tiroirs lorsque le devant est abattu, puis la malle en osier, dite *basket*, qui, avec son enveloppe de moleskine noire et ses garnitures de cuir, offre l'avantage d'une légèreté incomparable.

A signaler des valises en toile sur carton ou sur bois de placage, avec ou sans soufflets. Mentionnons encore un porte-chapeau qui, par un dispositif ingénieux, maintient le chapeau sans le déformer, sans même compromettre l'éclat de ses reflets.

Pour terminer avec cet exposant, signalons son lit pliant, fait de sangles et de tissu jonc, formant malle quand il est replié et permettant d'insérer dans les espaces vides la garniture de la couchette : couverture, oreiller et matelas. La seule critique que nous formulerons est relative à l'exiguïté du lit, mais le fabricant a eu surtout pour objectif de faire un appareil portatif appelé à donner une satisfaction relative aux explorateurs, qui préféreront, c'est certain, une couchette étroite, mais hygiénique, à la natte rudimentaire, propagatrice des lumbagos.

Les hamacs en fibre de *mocora*, présentés par M. Aspiazu (Efren), à Guayaquil, ont fait attribuer à cet exposant une mention honorable.

MM. BAILLY et Cⁱᵉ, de Paris (médaille d'or), ont exposé une très belle collection de bretelles, dites *hygiéniques*, dont la monture et le système ont été imaginés par M. Guyot, le fondateur de la maison, en 1848. Ces exposants sont parvenus à fabriquer leurs tissus avec des dessins même chargés, sans l'adjonction d'une troisième chaîne : ils sont arrivés aussi à établir des effets de nuances à l'aide d'une seule navette. Les visiteurs se rappelleront l'effet gracieux de leur belle collection de nuances unies, placées les unes à côté des autres en observant une savante gradation des tons, véritable gamme chromatique qui donnait à la vitrine de MM. Bailly et Cie un cachet si original. En dehors des bretelles, signalons encore une belle collection de jarretières et jarretelles ainsi que des ceintures fantaisie pour dames et pour cyclistes.

L'exposition de MM. Bapst et Hamet, de Paris (médaille d'or), comportait trois genres de fabrication : le caoutchouc, les tissus élastiques et enfin des articles en cuir.

Parmi les articles en caoutchouc, nous avons remarqué un bel assortiment de feuilles de diverses qualités, avec ou sans insertion de toiles; une grande variété de tuyaux : tubes à gaz gris ou rouges, tuyaux de refoulement avec plusieurs insertions de toile dans les parois pour résister aux différentes pressions, tuyaux à hélice noyée ou apparente pour aspiration, etc. Les nombreuses applications que l'on fait du caoutchouc étaient représentées par des pièces spéciales, telles que courroies-guides,

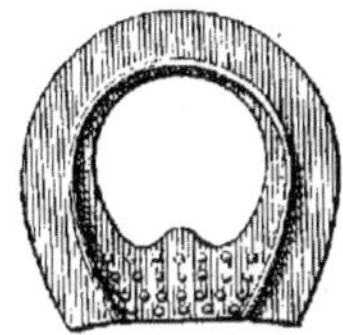

Fig. 41
Garniture pour la ferrure
des chevaux.

poches à gaz, clapets sphériques, fers à cheval, tabliers et guêtres pour blanchisseurs ou tanneurs, chambres à air et bandages, tant pour bicyclettes que pour voitures automobiles, etc.

Nous réservons une mention spéciale au caoutchouc durci que cette maison a employé à des reproductions artistiques, telles que la Vierge de Donatello, le soubassement à coquillages du Trocadéro et un bouquet de fleurs dont les moindres pétales sont détachés avec un relief d'une superbe venue. Nous avons déjà dit que cette maison avait contribué à la décoration de la Classe par la fabrication des chapiteaux et des vases qui garnissaient la corniche des vitrines, et nous avons signalé les heureuses innovations dont l'industrie leur est redevable.

À côté de ces articles qui sont du domaine du caoutchouc proprement dit, MM. Bapst et Hamet ont exposé une belle variété de bretelles, jarretières et bracelets dont le montage est particulièrement soigné. À signaler encore de nombreux objets en cuir, tels que ceintures, rouleaux de musique, serviettes d'avocats, et de nombreux modèles de gibecières d'écolier que, professionnellement, on désigne sous le nom de *musettes*.

On voit que cette importante maison mène de front plusieurs spécialités qui, du reste, avaient fait la légitime réputation du fondateur de la maison : le regretté M. A. Lejeune (1855-1884).

MM. Bardou, Clenc et Cie, de Paris (médaille d'or), ont exposé, à l'annexe, des tentes de jardin, des tentes d'explorateur et du matériel de campement, tel que lits matelassés montés sur fer ou sur bois et dont le poids avec les garnitures ne dépasse pas 10 kilogrammes, enfin des parasols et des hamacs.

Nous avons remarqué dans l'exposition de M. Bysagoïtia (Narciso), d'Iquitos, des bottines en caoutchouc naturel recouvert de dessins, qui nous montrent que les seringueiros modernes ont gardé les traditions de leurs prédécesseurs relativement à l'ornementation des articles fabriqués à la main. Ce sont là, toutefois, objets de curiosité appelés à enrichir des collections plutôt qu'à être utilisés. Mais comme il y avait dans les spécimens qui nous ont été soumis une manifestation d'un travail auquel on a cherché à associer l'art, le Jury a récompensé ces efforts par une mention honorable.

La maison BERGOUGNAN et Cie, de Clermont-Ferrand (médaille d'argent), qui a été fondée en 1894, nous donne un exemple frappant de l'importance que peut prendre, en quelques années seulement, une entreprise habilement dirigée.

Cette maison a cherché à tirer ses caoutchoucs directement des lieux de provenance, c'est ainsi qu'elle a fondé trois comptoirs en Afrique, à Siguiri, Kankan et Maninian, dans cette région soudanaise où abonde la fameuse liane *gohine*.

En dehors de très beaux spécimens de gommes naturelles, voire même de latex, MM. Bergougnan ont exposé de nombreuses pièces en caoutchouc, entre autres un très beau cylindre rouge de fortes dimensions et d'un poli remarquable; cet appareil est destiné à l'industrie du papier; puis des bandes pour billards, des tapis de différents genres, pleins ou ajourés, des joints pour appareils de distillation, des boulets pour pompes, diverses courroies de transmission et des garnitures pour cyclisme et automobilisme.

Parmi les pièces en caoutchouc durci, signalons des bacs pour accumulateurs, des cuves à galvanoplastie, des seaux, bidons, entonnoirs, ainsi que des bonbonnes de différentes tailles, dont l'une pouvait contenir jusqu'à 80 litres.

Les articles que présente M. BERGUERAND (Félix), de Paris (médaille d'or), constituent des branches diverses de l'industrie du caoutchouc. A côté des instruments de

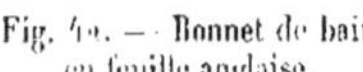

Fig. 42. — Bonnet de bain   Fig. 43, 44, 45, 46. — Blagues à tabac.
en feuille anglaise.

chirurgie qui ont été longtemps une spécialité exclusive de la maison, nous remarquons des tuyaux de différents genres : gaz, arrosage, incendie, puis diverses pièces accessoires de la mécanique générale, telles que joints, clapets, etc., deux beaux cylindres, l'un gris, l'autre rouge, un tapis feuille blanche avec bordure en caoutchouc minéralisé, des poches à gaz, un bel assortiment de poires. Remarqué également divers articles en feuille sciée, tels que gants, bonnets de bain, coussins, blagues à tabac. Parmi les articles en caoutchouc durci, nous avons noté des tubes, des baguettes, des bacs, un corps de pompe et sa tubulure, enfin un porte-chapeau représentant des bois de chevreuil montés sur un écusson en caoutchouc minéralisé.

M. Berguerand, comme un certain nombre de ses confrères, a cherché à s'affranchir de l'obligation de faire venir de l'étranger la feuille anglaise qu'il emploie, en préparant lui-même les feuilles sciées nécessaires à sa fabrication. Même dans cet ordre d'idées qui ne paraît guère prêter à la fantaisie, cet industriel a réalisé une innovation : il obtient des feuilles sciées rouges veinées de noir dont l'épaisseur est réduite à deux dixièmes de millimètre, et qui sont surtout intéressantes par les marbrures qu'elles présentent.

Nous remarquons dans la vitrine de M. Berlioz, de Lyon (médaille d'argent), des malles et valises, en bois croisé avec lames d'acier, qui leur donnent une très grande solidité jointe à une remarquable légèreté. Dans la quantité, nous avons noté une malle postale à deux châssis, recouverte de cuir de sanglier; les liteaux étaient formés de lames d'acier cintrées, le fût se composant de tissu métallique intercalé dans le bois; cette malle, ayant o m. 80 de long, pesait 10 kilogr. 500; prix, 85 francs.

La maison Bertin, de Paris (hors concours), présentait une série de porte-monnaie et de bourses, article de voyage qui, bien lesté, constitue le passeport le plus efficace. Signalons encore quelques trousses de poche et de petits nécessaires de toilette dans toutes les variétés de peau, depuis le maroquin classique jusqu'au crocodile et au requin rugueux.

Les sacs de voyage de MM. Betjeman et fils, de Londres (médaille d'argent), sont des articles de luxe d'une grande valeur marchande. Le sac lui-même est établi avec des peaux de choix, et l'intérieur constitue une véritable garniture d'orfèvrerie : ce ne sont que cristaux taillés aux couvercles d'or ou d'argent finement ciselés: un sac de toilette avec sa belle garniture de brosses en ivoire doit faire l'objet d'une mention particulière par le dispositif intérieur qui forme chevalet et dénote l'ingéniosité de ces fabricants.

Dans la vitrine de MM. Bognier et Burnet, de Paris (médaille d'argent), notre attention s'arrête sur une belle collection d'articles de chirurgie comprenant des

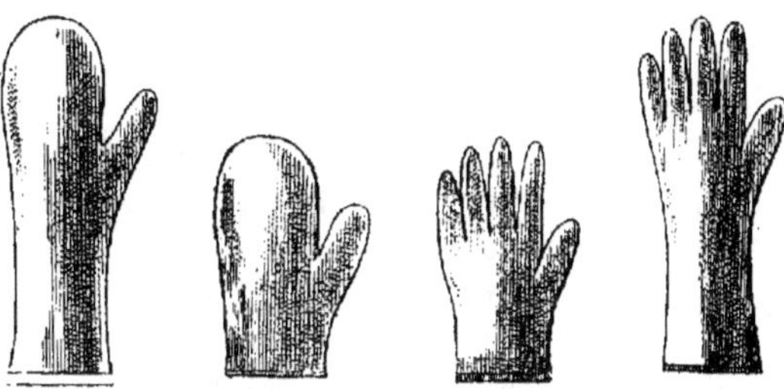

Fig. 47. — Moufles et gants.

sondes, enemas, urinaux, bidets, coussins et matelas, bonnets de bain, gants, etc. A signaler une calotte réfrigérante formée d'un serpentin en caoutchouc dont les spires ingénieusement disposées permettent d'épouser en tous points le crâne du malade.

Ce qui nous a particulièrement frappé dans cette exposition, c'est l'émail qui recouvre la plupart de ces articles et leur donne un éclat qui dénote une fabrication particulièrement soignée.

A côté de ces applications plus spéciales à la chirurgie, nous trouvons le caoutchouc technique représenté par divers spécimens de tuyaux et de feuilles, des poches pour moteurs à gaz, des bouchons pour la chimie, des entonnoirs en caoutchouc souple, etc.

L'exposition de M. Boxebi, de Paris (mention honorable), ne comporte qu'une malle à plusieurs compartiments, dont plusieurs se ferment par des combinaisons à secret : les ornements métalliques qui la recouvrent : plaques, clous à grosse tête, poignées, l'alourdissent et lui donnent l'aspect d'un véritable coffre-fort. C'est du reste l'usage auquel le fabricant destine cette pièce, chef-d'œuvre de serrurerie et d'ébénisterie réunies. Cette malle a quelque analogie avec les fameux coffres signalés dans la troisième partie de ce travail. En fait, cette pièce qui pèse 80 kilogrammes ne saurait voyager sans faire l'objet d'un emballage spécial; mise en caisse et préservée des avaries de route, cette malle, si elle était pleine, constituerait un redoutable colis pour les hommes d'équipe. Ajoutons que si elle est d'un maniement peu commode, son prix excessif (5,000 francs) la rend d'un placement difficile.

La CANADIAN RUBBER COMPANY, de Montréal [Canada] (médaille d'or), nous donne un aperçu de l'importance prise dans le Nouveau-Monde par certaines fabriques de caoutchouc. Cet établissement qui annonce employer 1,000 ouvriers et ouvrières et déclare un chiffre d'affaires de 25 millions de dollars (125 millions de francs), s'occupe plus spécialement de la fabrication des chaussures en caoutchouc.

Cette Compagnie a pris pour marque de fabrique le portrait de Jacques Cartier, rendant ainsi hommage au navigateur dont le souvenir vivace est pour beaucoup dans la continuité de nos relations cordiales avec cette ancienne colonie française.

Le climat canadien, dont les rigueurs sont excessives en hiver, a contribué pour beaucoup au développement de la fabrication des chaussures en caoutchouc, dont l'usage est indispensable lorsque la terre est détrempée par les pluies, ou lorsque le sol est recouvert d'une épaisse couche de neige.

La consommation extraordinaire de cet article explique donc l'importance prise par la Canadian Rubber Company qui nous a soumis divers types de chaussures comprenant les modèles riches, les sortes courantes et les articles communs. A côté de chaussures très légères et très solides à la fois, qui garantissent de l'humidité et du froid sans alourdir la marche, nous avons examiné des demi-bottes à l'usage des travailleurs agricoles qui, on le sait, sont légion dans ce pays de culture. Ces chaussures doivent concurrencer celles en cuir; elles sont portées directement sur les gros bas des laboureurs et ne sont pas destinées à recouvrir d'autres chaussures. Il va sans dire que le ressemelage est en quelque sorte impossible et qu'on ne saurait prolonger la durée de ces chaussures comme on le fait pour celles en cuir, mais la modicité du prix de ces articles est telle, que l'on ne paraît guère s'arrêter à cette objection.

Nous avons examiné encore des chaussures dont le pied en caoutchouc est rattaché à un gros bas de laine, le tricot formant prolongement de l'empeigne. Ces chaussures, établies pour les journaliers, doivent être d'un entretien difficile; nous nous imaginons volontiers les récriminations des ménagères procédant au lavage des bas, rendu peu aisé par le poids des souliers qui y sont attachés.

En dehors des chaussures dont elle fabrique plusieurs milliers de paires par jour, la Canadian Rubber Company s'occupe aussi de la confection d'articles techniques, tels que tuyaux, clapets, etc.; elle produit également divers articles de chirurgie, des coussins, bouteilles à eau chaude, etc.

La maison CASASSA fils et Cie, de Paris (médaille d'or), présente de nombreux objets en caoutchouc pour diverses applications : sciences, industrie, électricité, vélocipédie, voyage, chirurgie, etc.

Nous avons remarqué une belle gamme de tuyaux, joints et rondelles, des coussins et matelas à air ou à eau, des bandages divers, pessaires, urinaux, ventouses; des bouées et ceintures de sauvetage, scaphandriers et vêtements de plongeurs, appareil respiratoire pour le service des sapeurs-pompiers et du matériel d'incendie dont cette maison s'est fait une spécialité.

A signaler encore des anneaux pleins et creux et des garnitures diverses pour la vélocipédie, divers articles de sellerie, tels que genouillères, chapelets de boules chevillères, anneaux pour paturons, fers et talonnettes pour chevaux, coussins, oreillers, banquettes, etc. Citons, en durci, les boîtes à piles ou à accumulateurs, des diaphragmes finement ajourés, et même des seringues pour le service vétérinaire de l'armée. Nous avons constaté avec satisfaction la finesse du grain et le beau poli de ces objets. C'est la maison Casassa et fils qui a fourni les mains courantes des chemins élévateurs qui fonctionnaient dans l'Exposition.

L'abandon des métiers à la main et leur remplacement progressif par des métiers mécaniques nous est affirmé par les tissus élastiques que présente M. CATTAERT, de Paris (médaille d'or).

Jusqu'en 1889, cet industriel ne fabriquait en tissus pour jarretières que les modèles classiques : satins, côtes, grains d'orge, tramés soie et bourre de soie; il faisait aussi quelques modèles en coton rayés par effets de chaîne; depuis cette époque, M. Cattaert a entrepris la fabrication des fantaisies riches par l'adjonction à son matériel de métiers brodeurs à plusieurs navettes, et par des métiers avec raquettes d'origine stéphanoise, remplaçant ou complétant ainsi les anciens Jacquarts dont il disposait. Les femmes employées dans cet établissement ne conduisent pas de métier, elles sont occupées comme dévideuses, canneteuses, éplucheuses, etc.

L'exposition de M. Cattaert ne comprend que des tissus élastiques destinés à être convertis ultérieurement en jarretières, bracelets, etc. C'est la matière première nécessaire aux monteurs qui, par des dispositions ingénieuses et l'intervention de boucles, coulants, agrafes, etc., confectionnent ces objets accessoires de la toilette féminine, et qui complètent la parure intime de la femme. La richesse des tons, le brillant de la soie que font valoir des combinaisons ingénieuses de trame et de chaîne donnaient un cachet particulier d'élégance à cette exposition.

La maison Catteau, de Comines [Nord] (médaille d'argent), est une des plus anciennes fabriques de rubans, puisque sa fondation remonte à 1813; ce n'est qu'en 1888 qu'elle a adjoint à son tissage la fabrication des tissus élastiques.

Cette maison s'est fait une spécialité des tissus courants connus sous la dénomination de *fils d'Écosse*. A côté des articles coton d'une facture régulière et particulièrement soignée, il convient de signaler les tissus fantaisie à bords plissés, des tissus pour chaussures, pour ceintures extensibles, etc.

Le matériel de campement présenté par la maison Cauvin-Yvose, de Paris (hors concours), offrait un réel intérêt : tente abri, tente télégraphe, tente dite « du Congo »; tels étaient les principaux modèles de cette maison qui cultive elle-même une partie du lin qu'elle file et qu'elle tisse, utilisant les graines pour en extraire l'huile qui lui sert à imperméabiliser ses toiles.

L'établissement Centenari et Zinelli, de Milan (médaille d'argent), nous montre l'importance prise par la fabrication des tissus élastiques en Italie. Non seulement cette maison fabrique ses tissus, mais elle s'en sert encore pour confectionner des bretelles, des jarretières, etc. La fabrication de ces divers articles témoigne des efforts faits pour arriver au bien, première étape du mieux.

M. Chamanski fils, de Paris (médaille de bronze), expose une belle collection de vêtements imperméables, parmi lesquels nous remarquons une capote pour collégien, des costumes pour nos chauffeurs du high-life et divers autres articles, entre autres une couverture d'attente pour voiture. Ce beau début montre que cet industriel a profité de l'enseignement acquis à l'école du travail et de l'expérience.

Se faire une spécialité d'articles recouverts d'étoffes qui dissimulent l'aspect généralement terne et banal du caoutchouc, tel est le cas de la maison E. Chapel, de Paris

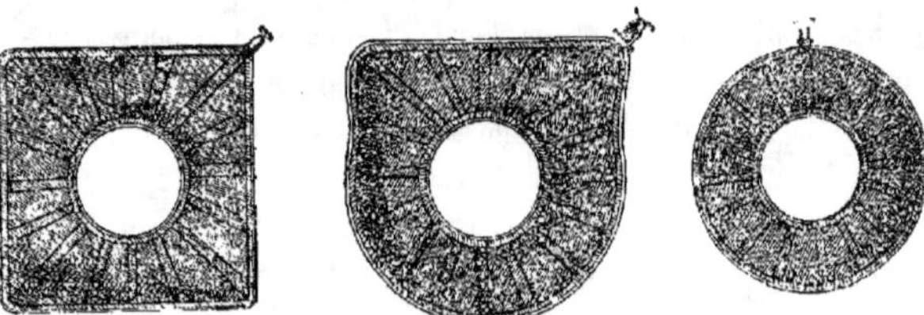

Fig. 48, 49, 50. — Coussins caoutchouc.

(hors concours), qui présente une variété d'objets usuels : bouteilles à eau chaude, oreillers, tours de cous, coussins, matelas, etc., dont les enveloppes formées des tissus les plus variés, lainages ou soieries, donnent à ces articles un cachet de grand luxe.

A signaler encore un bel assortiment de gommes à effacer en para pur, si appréciées des dessinateurs, quelques jarretières d'un montage spécial et particulièrement luxueux, etc.

Dans sa vitrine, M. E. Chapel avait en outre présenté son ouvrage sur le *Caoutchouc et la Gutta-Percha;* cette monographie professionnelle a été récompensée par la Société d'encouragement pour l'industrie nationale qui lui a décerné un de ses grands prix.

La maison CHAPON FRÈRES, de Paris (médaille de bronze), a annexé à sa fabrication de toiles à bâches la confection des tentes et parasols dont elle a présenté les modèles à l'annexe de la classe. L'armature de ses parasols pouvant couvrir une superficie de 7 mètres carrés se compose d'un mât, de baleines et contre-baleines en bois, mariées au moyen de pièces articulées en acier coulé.

Au sommet du mât se trouve une couronne fixe; une deuxième couronne se meut le long du mât et se manœuvre au moyen d'un petit moufle à corde. Le fonctionnement est le même que celui d'un simple parapluie : le parasol étant fermé, les baleines sont parallèles au mât, la couronne mobile se trouvant à la partie inférieure; si, au moyen du moufle, on élève la couronne mobile, les contre-baleines suivent le mouvement, elles s'élèvent en même temps qu'elles écartent les baleines du mât central; lorsque la couronne mobile a achevé sa course, les baleines se sont infléchies suivant une pente d'environ 60 centimètres par mètre alors que les contre-baleines occupent une position presque horizontale.

On peut compléter cet appareil par l'adjonction de rideaux en toile que l'on agrafe aux anneaux qui terminent les nervures. On constitue ainsi un véritable abri, sorte de cabine que l'on peut à volonté fermer totalement ou partiellement. Ajoutons que la manœuvre de ces parasols demande une certaine force, car leur poids atteint 45 kilogrammes.

La maison Chapon frères assure une longue durée aux toiles qu'elle emploie pour la confection de ses parasols par un apprêt spécial dit *histasape* qui augmente l'imperméabilité de la toile et la préserve des mauvais effets de l'humidité.

MM. CHAUVET et Cie, de Paris (médaille de bronze), ont présenté avec beaucoup de goût une belle collection de jarretières, bretelles et jarretelles qui se distinguaient par un réel cachet d'élégance. Ces fabricants ont imaginé de remplacer l'ancien mode d'agrafage par un système d'attache qu'ils appellent *l'éclipse* et qui présente ce double avantage de s'adapter sans boutonnières et de ne comporter aucune pièce métallique susceptible de déchirer les étoffes. Connaissant cet adage : la lame use le fourreau, ils ont fait choix de l'ivoire, de l'os ou du celluloïd pour établir leurs attaches qui, fixées d'un côté à la bretelle ou à la jarretelle, pincent l'étoffe du pantalon ou du bas à l'aide d'un disque faisant pression sur une surface suffisante pour que l'on n'ait jamais à redouter de déchirures. Avec ce système, il n'y a plus à redouter l'absence des boutons de culotte.

Dans l'exposition de M. Chenue, de Paris (médaille d'argent), nous constatons les progrès réalisés dans les procédés d'emballage.

Cette maison a été fondée en 1760 par Bouché, maître-coffretier, auquel son neveu, Pierre Noël, succéda vingt ans après. Survint la tourmente révolutionnaire qui bouleversa les usages sociaux, et l'apprenti Jean Chenue, bisaïeul de l'exposant, entré dans la maison en 1792, en devint propriétaire dix ans après. Depuis lors, comme pour les maisons régnantes, l'ordre de succession de père en fils a été observé.

La maison Chenue s'occupe plus particulièrement des emballages d'œuvres d'art, et nous avons admiré les heureuses dispositions prises pour assurer sans encombre le transport des statues en marbre ou en terre cuite. Ces objets si fragiles sont enfermés dans des caisses munies de nombreuses séparations convenablement découpées pour épouser les contours; les angles vifs sont garnis d'un bourrage spécial pour annihiler les chocs; des cales à coulisse ou vissées maintiennent les séparations, qui sont elles-mêmes composées de pièces de bois formant coins et alternant entre elles.

De semblables emballages sortent du cadre de l'emballeur et élèvent l'ouvrier qui les compose à la qualité d'ébéniste tapissier: ni marteau, ni pointes n'approchent de ces caisses où la vis règne sans partage.

La Chambre de commerce de Saint-Étienne ayant réuni, en une exposition collective, les différentes branches de l'industrie stéphanoise, MM. Chillet et Collonge, de Saint-Étienne, ont suivi les industriels de leur région et, n'ayant pas été compris dans la Classe 99, ils ne pouvaient soumettre leurs produits à l'examen de notre jury. Si notre action ne pouvait s'étendre jusqu'à accorder à cette maison une récompense que nous aurions été heureux de lui décerner, du moins pouvons-nous lui consacrer quelques lignes dans ce rapport.

MM. Chillet et Collonge s'occupent exclusivement de la fabrication des tissus élastiques dans les laizes les plus différentes, depuis le lacet plat à trois ou quatre gommes pour porte-monnaie et cravates jusqu'aux tissus de 35 centimètres de largeur pour corsets. Cette maison fabrique également les élastiques unis ou façonnés pour chaussures et les tissus pour jarretières, jarretelles et bretelles; elle s'est appliquée à produire de la haute nouveauté et, par des combinaisons ingénieuses, elle est parvenue, en profitant du retrait du tissu, à faire des ruches ou des plissés qui encadrent merveilleusement ses tissus et leur donnent un cachet d'une richesse extraordinaire.

La présentation et le mode de pliage des pièces méritent d'être signalés : comme les bords faisaient épaisseur par suite du relief des lisières décoratives, on a imaginé d'enrouler ces tissus sur des bandes de papier blanc dont le centre est uni et dont les bords sont cannelés proportionnellement à la saillie des étoffes. Ce pliage constitue à lui seul un cadre qui avantage singulièrement le tissu et cet aspect agréable facilite la vente.

L'heureux agencement de la vitrine de MM. Chillet et Collonge, la variété des dessins, les nuances chatoyantes des tissus ont contribué à l'éclat d'une exposition qui méritait une mention dans cet exposé.

Fig. 51. — Emballage d'œuvres d'art.

La maison Maxime CLAIR, de Paris (hors concours), a réuni en un stand coquettement agencé ses modèles les plus luxueux de meubles de fantaisie à côté de productions du style le plus sobre. Cette opposition raisonnée d'articles riches par leurs tentures et leur décor auprès de modèles d'une sévère simplicité n'a pu modifier notre jugement sur le fini de ces meubles, dont l'aspect pouvait varier, mais dont les qualités essentielles étaient égales et décelaient la supériorité d'une fabrication irréprochable. S'il est vrai que l'on doive toujours rechercher le confort, le voyageur n'accueille pas avec une moindre faveur les objets luxueux qui ajoutent par leur richesse à la beauté des sites qu'il parcourt.

C'est à ce titre que nous jugeons ces articles d'apparences si diverses. Signalons des rocking chairs, des pliants, des tables de jardin de divers styles, correspondant à la fortune de nos excursionnistes des plages estivales. A citer également des sièges pliants et des fauteuils suspendus avec parasols.

Une belle collection de chaufferettes et de chancelières nous rappelle qu'il n'y a pas d'excursions qu'aux pays du soleil et que le voyageur doit aussi se prémunir contre la rigueur des climats septentrionaux.

Le Jury a accordé une médaille de bronze à la COLLECTIVITÉ DU DÉPARTEMENT DE LORETO (Pérou) qui a envoyé un assortiment d'objets en gomme naturelle.

Le COMITÉ LOCAL DU TONKIN a soumis à notre examen un nécessaire de toilette composé de diverses pièces en argent : cure-dents, gratte-langue, polissoir à ongles, etc.. qui rentrent dans la compétence de l'orfèvre et que nous n'avions pas à juger. Nous n'en parlons du reste que par les réflexions qu'il nous a suggérées.

Ce nécessaire de toilette, dont l'aspect avait quelque analogie avec un trousseau de clefs, est en tout cas peu encombrant et pourrait tenir dans le gousset d'un gilet si les indigènes qui s'en servent en portaient. Nous l'imaginons suspendu à la ceinture et nous rendons hommage à la simplicité des voyageurs tonkinois qui, par ce détail, nous montrent que même les gens de condition ne s'embarrassent pas d'un grand appareil pour entreprendre leurs voyages.

La maison DAL BRUN, de Schio (Vicence) (médaille d'argent), nous a présenté des vêtements imperméabilisés à l'aide de l'acétate d'alumine qui est loin d'être aussi efficace que l'enduit de caoutchouc. Le Jury n'en a pas moins tenu à récompenser un effort manifeste.

M. DRUZ, de Paris (médaille de bronze), a exposé divers modèles de vêtements caoutchoutés d'une imperméabilité absolue et qui se distinguaient par l'élégance de la coupe (fig. 53 à 56). A côté de ces articles, il nous faut mentionner des bretelles confectionnées avec des rubans de soie ; leur extensibilité réside dans les pattes en caoutchouc par. Cette bretelle à pattes en gomme est désignée par le fabricant sous le nom de *Kosmos*.

Des ferrures pour alpenstocks, véritables pics à recouvrement fileté, ont valu à leur fabricant, M. DIVERIO, de Turin, une mention honorable.

La maison Les fils de Dumas, à Saint-Étienne, s'est trouvée dans le même cas que la maison Chillet et Collonge de la même ville, et le Jury de notre classe n'a pu juger ses produits qui méritent au même titre d'être signalés ici. MM. les fils de Dumas fabriquent des tissus élastiques principalement pour la chaussure. Nous avons remarqué des tissus noirs, envers blancs, qui nous ont particulièrement intéressés.

MM. Duquesne et Dockès, de Paris (médaille de bronze), s'occupent spéciale-ment du caoutchouc dilaté. A côté des ballons à musique industriellement connus sous le nom de *bibis*, des cornemuses et fantaisies diverses, ces fabricants exposent des animaux ayant un caractère drôlatique que leur donne la matière dont ils sont formés.

Fig. 52. — Cornemuse en caoutchouc dilaté.

Parmi ces modèles, signalons le *petit cochon*, une des créa-tions de la saison que nous retrouverons dans d'autres exposi-tions.

On se rappelle le succès de cet article que les camelots ont vendu par quantités sur nos boulevards en débitant leur boniment : « La vie et la mort du petit cochon! » et le pu-blic s'amusait des postures comiques prises par l'animal qui, rempli d'air insufflé et d'abord bien d'aplomb sur ses pattes, ne tardait pas à se dégonfler en exhalant une plainte stri-dente, puis le petit cochon fléchissait sur ses jambes et tom-bait de côté, ne présentant plus qu'une enveloppe fripée sans forme et sans con-sistance.

La maison Édeline, de Puteaux (médaille d'or), présente une belle série d'articles en caoutchouc pour une grande variété d'applications.

Parmi les tuyaux, signalons les tubes à gaz, tubes pour freins, tuyaux pour refou-lement et aspiration, dont un type de 250 millimètres de diamètre avec spirale noyée composée d'un fil de fer ayant 8 millimètres de section, longueur 3 m. 20, poids 118 kilogrammes.

Dans le lot des articles confectionnés, nous remarquons des rondelles pour obturer les canettes, des cordes, bagues, disques, sucettes pour sucreries, bandes de billard, tapis en rouleau de 10 mètres d'un seul morceau, clapets pour compresseurs d'air, gar-nitures pour fers à cheval, etc.

Les articles en durci sont représentés par divers bâtons et plaques, des bacs pour accumulateurs, des brocs, seaux, tuyaux, serpentins, coudes, tés, robinets, etc. A si-gnaler des tables en ébonite avec dessin de couleur simulant la marquetterie.

Cette maison, qui a abordé d'une manière toute spéciale la fabrication des pneuma-tiques, en présente une grande variété dont les sections varient de 25 à 150 milli-mètres, la plus grande taille étant confectionnée pour des voitures automobiles de grande puissance et d'un poids élevé. Ce pneumatique géant se compose d'une chambre à air en caoutchouc rouge de 5 millimètres d'épaisseur; elle a 85 millimètres de diamètre intérieur et pèse près de 5 kilogrammes avec sa valve; la jonction n'est pas obtenue par collage; elle est soudée et vulcanisée à l'aide d'un moulage ingénieux.

L'enveloppe est formée de 18 toiles superposées selon des dispositions particulières, avec une épaisseur totale au plafond de 35 millimètres dont 10 millimètres de gomme. Ce formidable bandage qui pèse 22 kilogrammes nécessite pour sa vulcanisation un moule en fonte dont le poids atteint 500 kilogrammes. On voit par ces renseignements la puissance qu'il faut donner à l'outillage pour obtenir des pièces semblables.

MM. Egger et Cie, de Paris (médaille de bronze), ont présenté des vêtements imperméables parmi lesquels nous avons remarqué une capote d'officier et divers vêtements

Fig. 53. — Mac-farlane.

Fig. 54. — Imperméable dame.

de dame, dont l'un en soie crème avec application d'un transparent mauve et soutache produisant le meilleur effet. Réservons une mention aux vestons à l'usage de nos chauffeurs modernes. Ces vêtements sont confectionnés avec des tissus enduits dit *caoutchouc-cuir*, dont le grain imite celui de la peau au point de provoquer une confusion que justifie la perfection du travail.

La Société Ellmore et fils limited, de Leicester (médaille d'argent), s'est préoccupée du sort des excursionnistes affamés dans une région déserte. Elle prépare à leur intention des paniers, véritables buffets portatifs recélant dans leurs flancs tous les accessoires de la table : bouteilles, gobelets, boîtes à condiments (véritable style anglais), pot à beurre, assiettes, fourchettes et couteaux. Le panier lui-même peut servir de table. A la nature tutélaire est laissé le soin de fournir les sièges.

Fig. 55. — Collet chasseur.

Fig. 56. — Capote officier.

Grâce à ces paniers que l'on peut porter à la main ou bien hucher sur la voiture, le touriste prévoyant qui se sera assuré les vivres nécessaires, est certain de trouver à la halte tous les avantages d'une installation suffisante pour réunir le confort nécessaire à une bonne digestion.

Aux gourmets qui ne se contentent pas d'un déjeuner froid ou qui veulent le terminer par une tasse de café, MM. Ellmore et fils offrent dans des paniers plus complets des fourneaux à alcool et des filtres qui permettent aux Vatels d'exercer leur talent. A ceux enfin qui exigent toutes leurs aises, ces industriels présentent des paniers-tables avec garniture pour huit personnes. Ces appareils sont pourvus de tous les engins nécessaires à une compagnie nombreuse et raffinée; ils sont combinés de façon à contenir une table qui, se pliant sous un faible volume, comprend encore un compartiment pour cigares, cartes, jetons et casiers avec chevilles pour le jeu de *cribbage*. Ajoutons que les prix de ces paniers varient, suivant taille et composition, de 5 à 55o francs.

La Fabrique hongroise d'articles en caoutchouc, de Budapest (médaille d'argent), a envoyé des spécimens de sa fabrication très variée puisque, à côté des articles techniques, nous trouvons des garnitures pour bicyclettes, des ballons et des jouets, des tissus imperméabilisés, etc.

Les hommes du métier auront certainement reconnu par des détails révélateurs que cette entreprise a encore des progrès à réaliser pour amener ses produits à la perfection. Cependant il y a dans cette exposition une telle somme d'efforts, que le Jury a cru devoir encourager cette tentative en accordant une récompense élevée.

MM. Falconnet, Perodeaud et Cⁱᵉ, de Choisy-le-Roi (hors concours), ont réservé une part importante de leur stand aux bandages vélocipédiques et aux garnitures de roues d'automobiles: ils ont même fait appel aux arts pour représenter un nègre qui dans une main tient une boule de caoutchouc et de l'autre main élève une roue de motocycle, allégorie de la récolte de la matière première et de sa transformation.

A côté des bandages nous notons des tuyaux de toutes sortes pour eau, huile, pétrole, acides, alcools, vins et vinaigres, des objets divers, tels que rondelles, cylindres, plaques, bandes et un modèle de rampes mobiles pour les chemins élévateurs des magasins du Louvre.

Parmi les articles en ébonite, de grands bacs de 1 mètre de haut pour puissantes batteries d'accumulateurs.

Nous n'omettrons pas de signaler de nombreuses pièces en gutta. On sait du reste que cette maison a été fondée en 1846 par M. Leverd, qui avait acquis une juste réputation dans la fabrication des articles en gutta dont cette maison s'occupait exclusivement au début et s'était fait une spécialité.

La maison Veuve Fayaud fils et gendre, de Paris (grand prix), nous montre le parti qu'elle a su tirer des multiples facultés du caoutchouc.

Ses tissus imperméabilisés comprennent toute la gamme des textiles : coton, laine, soie, etc., doubles ou simples, avec enduits de toutes couleurs, veloutés ou lisses, pour la confection des vêtements ou pour les usages de la carrosserie. Cette maison emploie ses tissus pour fabriquer des vêtements, tabliers, bavettes, sacs à éponge, trousses de voyage, etc.

Elle se livre également à la fabrication des dessous de bras qui, pour minime qu'en soit l'importance dans la toilette féminine, n'en constituent pas moins une base de fabrication considérable, soumise comme tant d'autres aux caprices de la mode. Parmi les dessous de bras qui nous ont été présentés, nous devons une mention spéciale à un modèle en Jersey, sans couture, que cette maison est parvenue à cambrer sans pli ni fronce d'aucune sorte.

On sait que la préparation des dessous de bras exige l'emploi de la feuille sciée dont les fabricants anglais passaient pour avoir le monopole. La maison Fayaud s'est dégagée de l'obligation de se pourvoir en Angleterre, elle fabrique sa feuille et lui donne même

des colorations dans les tons les plus variés, ce qui lui a permis d'entamer le marché
d'exportation et de concurrencer sur le marché de Londres les fabriques dont elle était
autrefois tributaire.

Fig. 57. — Jouets en caoutchouc.

En outre, la maison fabrique des objets moulés, tels que blagues, jouets, balles, etc.
elle a entrepris récemment la fabrication des articles techniques et confectionne des
bracelets circulaires, des tapis, tuyaux, poches à gaz, etc.

À côté de ces articles fabriqués dans son usine de Viry-Châtillon (Seine-et-Oise), la
maison Fayaud a depuis longtemps déjà à Vignacourt (Somme) une fabrique de tissus
élastiques qui lui fournit les éléments essentiels pour la confection des bretelles, jarretières et ceintures élastiques, qui entrent également pour une part importante dans son
chiffre d'affaires.

Cette maison avait, du reste, installé à côté de sa vitrine un métier Jacquart qui fonctionnait sous les yeux du public et qui a été pour notre Classe une attraction que nous ne saurions passer sous silence. Le nombre des visiteurs a été tel parfois qu'on

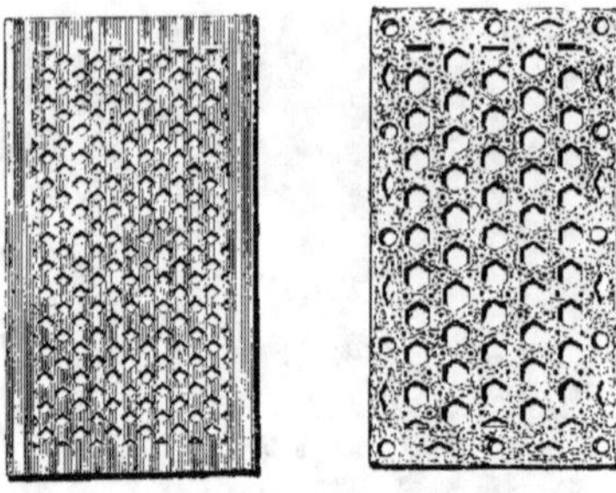

Fig. 58, 59. — Tapis à jour.

a dû prendre des mesures d'ordre spécial pour rétablir la circulation. A ce sujet nous rappellerons que la force motrice nécessaire au fonctionnement de ce métier

Fig. 60, 61. — Tapis pleins.

était fournie par l'énergie électrique mise par l'Administration à la disposition des exposants.

MM. François, Grellou et Cie, de Paris (hors concours), ont présenté une collection de tuyaux de différents types et pour divers usages en les disposant d'une manière originale : imaginez un gigantesque médaillon dont le cadre était formé par des séries de tuyaux ; la variété des diamètres formait des saillies et des rentrants imitant le relief des moulures.

L'exposition de cette maison comprenait un grand nombre de pièces diverses, telles que rondelles pour canettes, bouchons pour la chimie, patins pour freins de voitures, bandes de billard, clapets sphériques, bourrelets, cylindres garnis ; puis une pièce énorme, un tuyau pour dragueuse, immense cylindre de 68 centimètres de diamètre, dont l'hélice intérieure composée d'un serpentin en fer de 20 millimètres de large est fixée aux parois à l'aide de rivets de cuivre.

Les applications au cyclisme et à l'automobilisme sont représentées par des anneaux pleins, cellulaires ou creux, par des chambres à air et des chapes, par des bandages pour motocycles. Dans le domaine plus spécial à la mécanique, nous remarquons des courroies de transmission composées de plusieurs plis de toile noyés dans le caoutchouc ou dans la gutta.

La réputation que cette maison a acquise dans la préparation des *courroies balata* est justifiée par les spécimens qui figurent dans sa vitrine.

Parmi les articles en caoutchouc durci, mentionnons un beau corps de pompe, diverses tubulures avec leurs robinets, des bacs, des cylindres, etc.

Dans la gutta-percha, il nous faut signaler la baudruche si couramment employée dans les usages électriques et dans la chapellerie, des cuves pour la galvanoplastie, des pains de gutta pour la reproduction des médailles, des entonnoirs, brocs, seaux, jattes, poches et hottes qui peuvent impunément résister aux acides les plus énergiques, tous articles traités

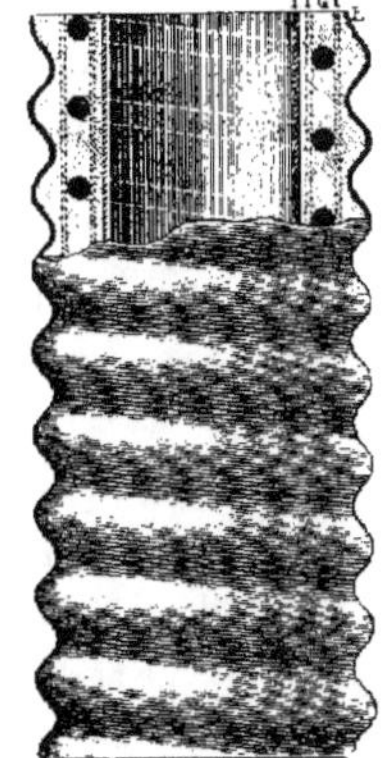

Fig. 6a.
Tuyau en caoutchouc
à hélice apparente.

avec le plus grand soin et témoignant des progrès considérables que MM. François, Grellou et Cⁱᵉ ont su réaliser.

M. Franzi, de Milan (médaille d'or), a envoyé une belle collection de valises, sacs de voyage et trousses de cuir de bonne apparence. Cet industriel a appelé notre attention sur le système de rivure qu'il a imaginé. Ce mode d'assemblage du cuir simplifie la main-d'œuvre mais ne saurait présenter le cachet et les garanties de la couture.

Les hamacs en soie, en coton ou en chanvre, de M. Fujimoto à Sakaï (Japon), ont été récompensés par une médaille de bronze.

MM. Gherchons frères, à Sofia (médaille de bronze), nous ont soumis des malles et valises qui témoignent de certains progrès réalisés en Bulgarie. Nous avons remarqué entre autres une valise carton et bois couverte toile avec serrure française et une autre valise tout cuir, serrure allemande avec rivets creux.

Le stand de M. Govard aîné, de Paris (médaille de bronze), est occupé par un assortiment très nombreux de malles, mallettes, valises, étuis, etc. Nous avons remarqué également des porte-chapeaux, des nécessaires avec ou sans garniture de toilette, des baskets osier recouvertes de toiles imperméables de différentes nuances; le tout dénote une fabrication essentiellement parisienne et de bon goût.

La maison Guillaume fils aîné, de Paris [usines à Lyon, Voiron et Maisons-Alfort] (médaille d'argent), existe depuis soixante ans et s'occupe plus spécialement de la fabrication de peluches, galons, toiles apprêtées pour galettes, tous articles concernant la chapellerie. L'emploi des baudruches de gutta et des feuilles relevées a incité cette maison à entreprendre la fabrication des dessous de bras, et elle a réussi à prendre une position importante dans cette branche spéciale.

M. S. Guillon, de Bruxelles (médaille de bronze), a fait un envoi de malles et valises qui nous ont paru intéressantes par leur confection; pour obtenir une très grande légèreté, ce fabricant a imaginé de disposer des copeaux sur de la toile en ayant soin de contrarier le sens du fil du bois; ce procédé permet d'obtenir un canevas d'une rigidité suffisante et d'une solidité remarquable. Le fût est ensuite habillé soit avec de la toile, soit avec de la peau.

La maison Guilloux (Paul Remant, successeur), de Paris (médaille d'or), est universellement connue pour ses tentes et ses articles de campement, aussi son exposition présentait-elle un très grand intérêt. La tente qui a été établie pour la mission Marchand présente cette particularité, de pouvoir, grâce à une double paroi, assurer une circulation d'air qui atténue les ardeurs du soleil et rend supportable le séjour à l'intérieur même par les plus fortes chaleurs. Dans le type désigné sous le nom de « tente de Madagascar », nous avons remarqué que les points de jonction de la toile sur la monture sont assurés par des champignons en bois dur solidement fixés après la toile et reposant sur les douilles de la monture. Cette disposition supprime les frottements si préjudiciables à la durée des toiles; de plus, toutes les parties de la monture étant indépendantes, il ne peut se produire d'efforts en sens opposés et il n'y a plus de rupture à redouter. Cette tente avec sa doublure et tous ses accessoires ne pèse que 18 kilogrammes, elle peut contenir deux lits, deux chaises, une table et les cantines de deux officiers. Tous les côtés de la tente pouvant se relever en auvent, on peut couvrir une surface double, avantage appréciable pour trouver un abri contre les rayons du soleil des tropiques.

La pièce la plus importante que nous avons examinée est une ferme de tente pour baraquements. L'armature se compose de tubes de fer réunissant les conditions de solidité et de légèreté indispensables; la jonction des pièces s'effectue soit en les accrochant, soit en les emboîtant; ce dispositif ingénieux supprime les boulons, clavettes ou goupilles et n'exige l'intervention d'aucun outil; aussi conçoit-on que le montage puisse s'effectuer avec une très grande rapidité; c'est ainsi que nous avons vu élever une tente de 23 m. 50 de long sur 8 mètres de large, couvrant ainsi une surface de 188 mètres carrés, en 45 minutes; le démontage encore plus rapide a été effectué en 20 minutes. La rapidité de la manœuvre résulte de ce que les pièces sont interchangeables et que les éléments peuvent être pris indistinctement pour le montage.

Parmi les autres articles de cette maison, citons son lit de campement, une table pliante ne pesant que 3 kilogrammes, sa chaise coloniale, ses cantines-popotes, etc.

La maison Guilloux tient à honneur d'avoir eu pour clients nombre de nos illustrations coloniales, entre autres : MM. le général Gallieni, colonel Monteil, Mizon, Maistre, Marcel Monnier, Bonnel de Mézières, Leontief, etc.

MM. Haessler et Billard, de Paris (médaille d'or). interviennent dans notre classe pour la fourniture des fermoirs, serrures et fournitures métalliques diverses pour malles et valises; clous et rivets à tête de cuivre, poignées, charnières, coins en métal, garnitures estampées ou fondues, telle est la nomenclature de ces pièces accessoires dont la production se chiffre par masses et par milliers de grosses. Les métaux employés par cette maison sont : le fer, l'acier et le cuivre; ils recourent au nickel, à l'argent et même à l'or pour recouvrir les pièces riches.

Nous avons remarqué un intéressant système de serrure qui prévient la déviation des couvercles de malles si durement traitées dans les gares au départ ou à l'arrivée. Cette serrure permet de supprimer les courroies; elle soulage les charnières et les bandeaux et constitue une fermeture efficace, grâce à un simple tenon de rappel. Remarqué également des serrures en acier niellé et des fermetures en cuivre argenté épargné or.

La Hardy patent pick Company limited, à Heely Sheffield (médaille de bronze), s'est réclamée de notre jury pour l'examen d'un outil inscrit au catalogue sous la rubrique *Broyeur Devil, pour concasser et mêler le caoutchouc*. Cet outil, plus spécialement destiné à réduire en poudre les déchets de caoutchouc vulcanisé, comprend deux bagues dentées : l'une fixe, l'autre tournante; les dents sont disposées en cercles concentriques et varient de grandeurs; les morceaux de caoutchouc sont introduits entre ces roues. Saisis par le premier cercle de dents, ils sont étirés et amincis; sous l'action de la force centrifuge ils sont projetés dans le deuxième cercle et ainsi de suite. Les déchets sont donc réduits par degrés et sortent de l'appareil lorsqu'ils ont été amenés à la finesse réglée par le dernier cercle de dents. Au moyen d'un dispositif qui écarte ou rapproche les bagues dentées on règle la grosseur de la poudre.

Nous estimons que cet outil ne peut être employé utilement que pour la pulvérisation des déchets chargés.

L'exposition de MM. Hausmann et Gaudard, de Paris (médaille d'argent) peut être divisée en quatre catégories : tissus et vêtements imperméables, instruments de chirurgie, articles pour cyclisme, objets de voyage.

Nous avons apprécié les tissus et les articles en étoffe : vêtements, tubs, cuvettes, etc. Parmi les instruments de chirurgie, nous avons remarqué des poires, pessaires, canules, bougies, sondes, enemas, urinaux, ventouses, tire-lait et des gants d'exploration médicale d'une si grande finesse, que le toucher ne peut être influencé par cette pellicule préservatrice.

Signalons aussi les chambres à air, les bandages, les protecteurs et un bel assortiment de nécessaires de vélos judicieusement composés. Mentionnons enfin des douches en caoutchouc pour le voyage, des poires pour la photographie, des bonnets de bains et des coussins en caoutchouc rouge se gonflant d'eux-mêmes par suite de l'épaisseur et de la supériorité de la gomme. Avec ces coussins, plus n'est besoin de s'exténuer à

insuffler de l'air, le gonflement se produit automatiquement et l'on a tout le loisir de
les boucher sans crainte d'avoir à recommencer une opération fatigante.

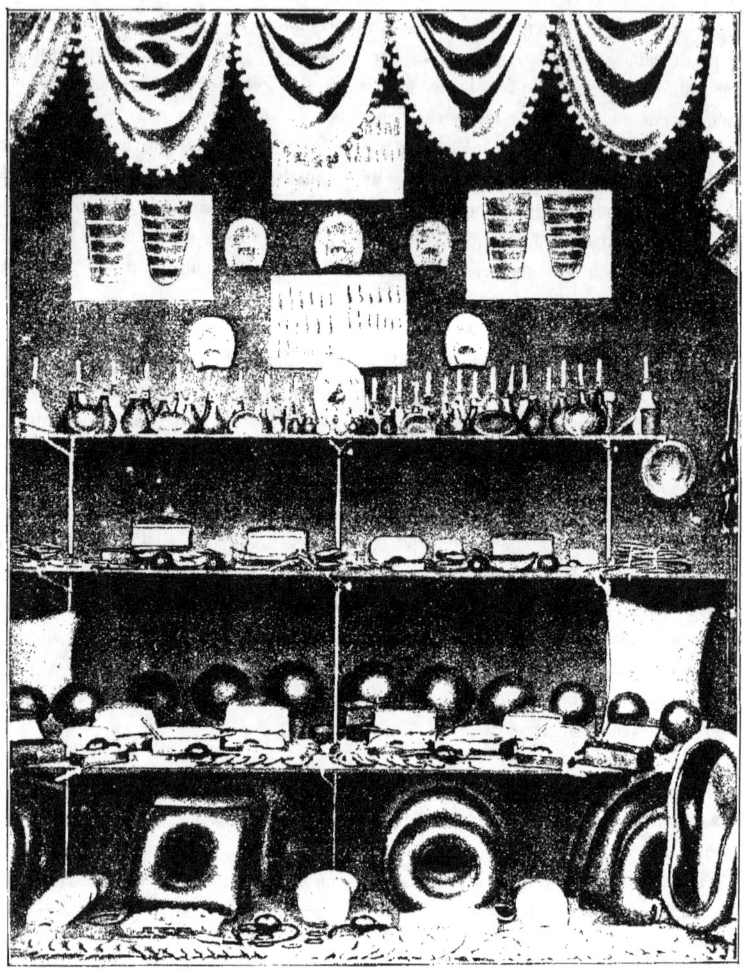

Fig. 63. — Articles de chirurgie.

Une médaille d'argent a été la récompense accordée à M. Hayauzi, de Kioto (Japon),
pour ses malles et paniers en osier, établis avec soin.

La participation de M. Henry, de Paris (hors concours), s'étendait à trois expositions,
en ce sens que son installation et celles de M. Picot et de M. Flru se confondent par

la réunion de ces deux maisons à l'établissement de M. Henry. Aussi croyons-nous devoir comprendre dans le même compte rendu notre appréciation sur ces diverses expositions qui, en réalité, n'en formaient qu'une.

Cette maison s'est fait une spécialité de tentes de divers systèmes à montures bois ou acier, d'un maniement facile et d'une grande légèreté qui n'exclut pas la solidité.

A ces articles, il convient d'ajouter tout le matériel de campement, tel que lits, meubles pliants, sièges divers, cantines, popotes, etc. La variété déjà grande de ces appareils n'est surpassée que par le nombre et la diversité des ustensiles qui entrent dans leur composition et dont l'établissement tient en éveil constant l'ingéniosité de cet industriel pour réaliser le *desideratum* des explorateurs : combiner sous le plus faible volume et le moindre poids la plus grande quantité d'objets nécessaires à l'existence dans des régions sauvages.

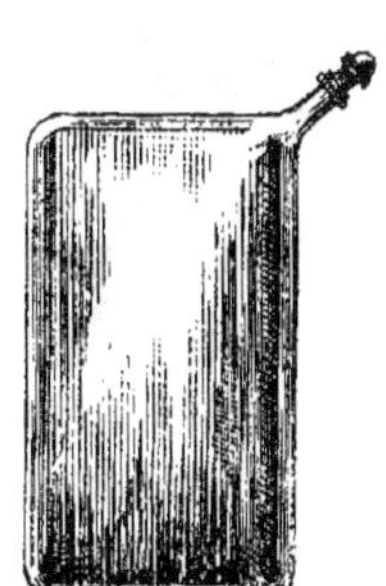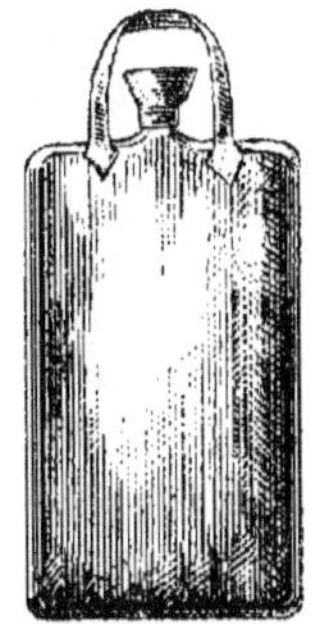

Fig. 64, 65.   Sacs à eau chaude.

Les progrès déjà réalisés dans cette voie par M. Henry nous sont le meilleur garant des améliorations qu'il réalisera encore par la suite.

Les coussins à air de M. Hirosima à Tokio, [Japon] (médaille de bronze), sont une preuve éclatante de la perfection apportée dans ce pays à la fabrication du papier, car c'est en papier rendu imperméable que sont confectionnés ces coussins. L'enduit qui assure l'imperméabilité est souple et ne s'écaille pas, le bouchon à valve fonctionne d'une manière satisfaisante; la modicité du prix est remarquable, cet article étant catalogué depuis 9 francs la douzaine. La fragilité de l'enveloppe est la seule objection que nous ayons à formuler.

La Société Hopkinson and C° limited, de West Drayton [Middlessex] (médaille d'or), présente une grande variété d'articles techniques en caoutchouc souple noir, gris ou rouge. Mentionnons ses tuyaux de freins, tampons de chemins de fer, courroies de transmission, garnitures de roues, etc. Les tuyaux d'arrosage à bas prix étaient également représentés, leur qualité en rapport avec leur valeur marchande témoignait de la sincérité des fabricants qui n'ont pas cherché à tromper la religion du Jury en lui soumettant des échantillons fardés. Nous leur devions rendre justice et tous nous applaudissons d'avoir, en cette circonstance, fait assaut de franchise.

La India rubber gutta-percha and telegraph works Company limited, à Persan-Beaumont [Seine-et-Oise] (médaille d'or), appartient à une société anglaise dont l'établissement principal est à Silver-Town (Angleterre).

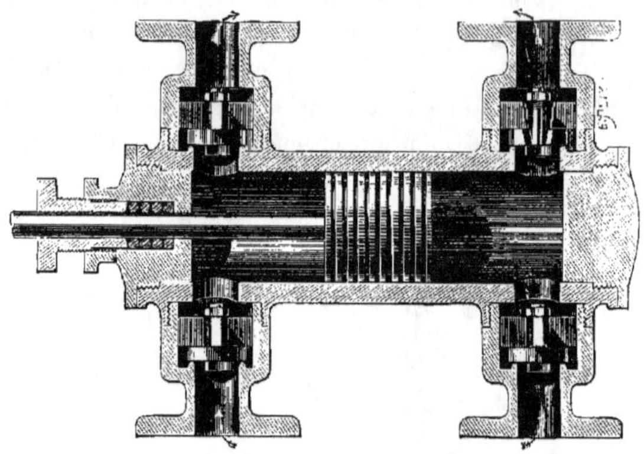

Fig. 66. — Corps de pompe en caoutchouc durci.

L'usine de Persan-Beaumont, créée en 1854, par MM. Rousseau de Lafarge et Cie, fut achetée en 1864 par la Compagnie India Rubber dont elle est en quelque sorte le prolongement en France. Cet important établissement a exposé de nombreux objets en

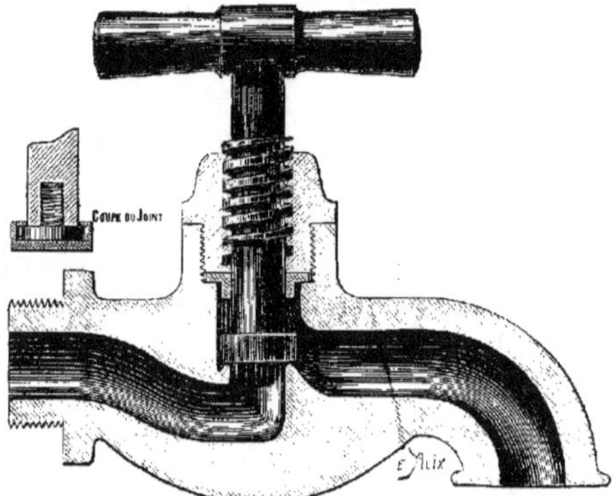

Fig. 67. — Robinet en caoutchouc durci et son joint.

caoutchouc souple ou durci et en gutta-percha, dont la fabrication est particulièrement soignée. Tissus imperméables et vêtements, blanchets pour impression, courroies de transmission dont divers spécimens sont faits avec la balata et que la Compagnie présente sous le nom de *silverite,* voilà pour un groupe d'articles. D'autre part, nous remarquons une belle série de tuyaux pour refoulement ou aspiration, des tuyaux tissés, tannés et garnis intérieurement de caoutchouc pour services d'incendie et d'arrosage, des courroies-guides pour papeterie, des anneaux, bandages et chambres pour cycles.

Signalons d'intéressants clapets pour pompe à air de machine marine, des tapis décrottoirs, un très bel assortiment de poires, lentilles et soufflets pour sonneries à air, enfin des pompes avec tubulure et robinetterie en ébonite pour les acides. A cette nomenclature ajoutons les câbles pour la télégraphie terrestre et sous-marine, la téléphonie, la lumière électrique et le transport de la force.

M. Jtô, de Osaka [Japon] (médaille d'argent), a envoyé des chaufferettes de poche dont l'usage est, paraît-il, fort répandu au Japon. Le prix de ces objets varie de 9 à 3o francs la douzaine ; celui des charbons que l'on incinère dans ces chaufferettes est de 4 fr. 4o le mille. Chauffage local et à bon marché.

La maison veuve Jacquelin, de Paris (médaille d'or), exposait à la fois aux Invalides et à l'annexe du quai Debilly. C'est cette maison qui, lors de la guerre de Crimée, a, la première, fait la tente d'officier dont l'emploi s'est généralisé par la suite. Nous lui devons un modèle récent de tente sans mât central. Ce support est remplacé par deux colonnes placées sur le côté.

Cette maison a encore présenté des lits de campement à deux et trois chevalets, des parasols-tentes avec lampes, des chaises et des tables pliantes; ces dernières, avec rallonges, constituent une intéressante innovation.

M. Knaak Friedrich, de Berlin (médaille d'argent), expose des vêtements huilés et des surouets fort bien conditionnés.

Le Jury a accordé une médaille de bronze à la maison Kuttner (Ede es tarsa), de Budapest, pour ses malles en bois couvertes peau, garnies de ferrures nickelées et protégées aux angles par des coins en caoutchouc.

MM. J. Laflèche et fils, de Paris (hors concours), avaient réuni dans leur vitrine les différents genres de tissus élastiques qu'ils fabriquent. Ils nous ont montré un métier à lacet pour la fabrication des tissus élastiques dits *fils d'Écosse,* et, à côté d'articles classiques, ont présenté une collection fort belle de tissus haute nouveauté, dont les dessins et les dispositions étaient rehaussés par des coloris et des combinaisons de tons du plus heureux effet. L'art nouveau, avec ses volutes et ses lignes curves, se manifestait sur des tissus aux nuances éteintes d'une douceur incomparable.

A côté des tissus en pièces, des bretelles, jarretières et ceintures fantaisie pour dames montraient que le montage et la richesse des boucles ou des agrafes ne le cédaient en rien à la supériorité des tissus.

Signalons encore des appareils extenseurs que ces fabricants ont établi pour les amateurs d'exercices physiques qui n'ont pas à leur disposition les agrès des salles de gymnase. Ces appareils, fort bien imaginés, suppléent aux haltères et aux anneaux; ils ont, de plus, cet avantage de ne demander aucune installation coûteuse : un simple piton vissé dans le mur constitue l'attache indispensable pour procéder aux évolutions qui développent la force musculaire et entretiennent la souplesse des membres.

La maison LAMARCHE, de Paris (médaille d'argent), a présenté ses produits sous forme de jouets : poupées, animaux, balles et ballons, quilles, etc., avec ou sans décor. Le caoutchouc se prête à toutes ces transformations qui attirent l'attention des enfants et provoquent leur admiration. Quelques-uns des modèles avaient un cachet artistique, entre autres un huron très dégagé sur un cheval de fort belle allure.

Puis, voici des blagues à tabac représentant des sujets usuels et des modèles fantaisistes, des oranges et des mandarines; enfin quelques articles, tels que rondelles, garnitures de cylindres, bacs en durci, nous montrent la transformation qui s'opère dans cette maison et sa tendance à élargir son champ d'activité (fig. 57).

MM. LAMONTAGNE and C°, de Montréal (médaille d'argent), ont conservé le style anglais dans la fabrication de leurs malles et sacs de voyage. Comme article spécial, nous signalerons une malle entièrement en bois avec compartiments en cèdre, destinée à la conservation des fourrures.

Une mention honorable a été décernée à titre d'encouragement à M. G. LAMUSSE, de Saint-Pierre et Miquelon, pour ses vêtements huilés.

Mme veuve A. LAURENT, de Paris, a réuni dans sa vitrine un bel assortiment de jouets en caoutchouc dilaté : bibis, ballons réclame, musettes et cornemuses, Cyranos au nez trognonnant, clowns gigantesques drapés dans des costumes de papier plissé, volatiles et animaux divers, parmi lesquels l'inévitable petit cochon qui continue à vivre et à mourir en poussant son cri strident.

Si intéressante que soit cette fabrication, elle ne saurait être mise sur le même pied que la fabrication du caoutchouc technique; toutefois le Jury, tenant compte de l'ancienneté de la maison, lui a accordé une médaille d'argent, juste récompense d'une carrière fort honorable.

Mme LECLERCQ, de Lima, a obtenu une médaille de bronze pour un système d'auvent ou de jalousie fort apprécié au Pérou, mais qu'il n'y aurait pas lieu de voir jamais adopter à Paris.

MM. LEE frères, de Londres (médaille d'argent), s'occupent exclusivement de la fabrication de tissus caoutchoutés doubles ou simples avec impression sur gomme pour représenter le dessin des doublures. Nous avons précédemment signalé les avantages de cette méthode de fabrication. Cette maison emploie ses tissus à la confection des vêtements et des articles divers, tels que coussins, oreillers, matelas, etc.

M. Lebesnard, d'Alfortville (médaille d'or) concentre tous ses efforts sur la fabrication du caoutchouc technique qui lui a valu une légitime réputation. Nombreuses et variées sont les pièces qu'il présente : tuyaux de tous genres et de tous diamètres depuis le tube capillaire jusqu'à des conduits de 68 centimètres de diamètre intérieur (à l'usage des dragueuses), fers à cheval, tapis pleins avec dessins en relief, rondelles pour presse-étoupe, cordes auto-lubrifiantes, clapets à bavette, olives pour tramways, cylindres pour essoreuses, moufles, etc.

Parmi les objets en durci, nous avons remarqué des bacs, des diaphragmes, tubes de Liebig, etc. Tous ces articles nous ont paru parfaitement conditionnés.

La maison A.-M. Luther, de Riga (médaille de bronze), se signale par l'habileté qu'elle apporte à travailler le bois et qui, du reste, est générale en Russie. Nous avons admiré le fini de ses caisses à chapeau et de ses boîtes à manchon confectionnées avec du bois de bouleau. Les valises que nous avons examinées étaient composées de trois feuilles plaquées, contrariées et assemblées à l'aide de colle imputrescible et imperméable.

Ce procédé de fabrication est employé à la confection de bateaux très légers; nous avons vu un canot construit de cette façon et dont le poids atteignait à peine 18 kilogrammes.

M. Maille-Lavolaille, de Paris (médaille d'argent), a présenté des malles spéciales pour les voyageurs de commerce. On comprend l'importance qui s'attache à la confection de ces malles que l'on peut considérer comme l'auxiliaire du placier : les compartiments doivent s'emboîter les uns dans les autres, se manœuvrer aisément et, de plus, constituer un cadre faisant ressortir la valeur des échantillons. Tous ces avantages sont réunis dans les malles de la maison Maille-Lavolaille, et nous avons examiné des cuvettes garnies de velours de nuances appropriées, dans lesquelles des flacons de parfumerie ou de pharmacie étaient enchâssés avec un goût et une harmonie qui dénotent de la part du fabricant une connaissance approfondie de l'art du gainier. Même les vulgaires marmottes ont des intérieurs merveilleusement agencés. Ce ne sont pas des malles, ce sont des écrins.

Ce que nous venons de dire pour M. Maille-Lavolaille s'applique également à MM. Malard et Vermier, de Paris (médaille d'or). Ces fabricants, constamment à la recherche du mieux, ont réalisé des progrès considérables dans cette industrie. Qu'il nous suffise de signaler la carcasse qu'ils ont inventée pour la préparation des fûts de malle; mentionnons aussi le tissu de bois qu'ils ont créé, combinaison de bois de placage qui, juxtaposés en sens contraire au fil, permettent d'établir des coffres à la fois très solides et très légers. Quant aux intérieurs de leurs malles destinées aux voyageurs de commerce, nous résumerons notre appréciation en disant que c'est un travail de gainerie d'une réelle valeur artistique.

La maison Émilio Masson, de Milan (médaille de bronze), nous prouve l'intérêt qu'on attache en Italie à la fabrication des tissus élastiques et des articles qui en déri-

vent. Nous suivons avec curiosité ces tentatives pour doter un pays des moyens de production qui lui permettent de s'affranchir de la fabrication étrangère. Ajoutons que les tissus que nous a soumis cette maison ainsi que ses bretelles et jarretières dénotent le souci d'arriver à produire aussi bien que les établissements français.

Ces tentatives sont communes à d'autres pays : l'Espagne était représentée à l'Exposition de 1900 par MM. Maras y C¹ᵉ, de Barcelone (médaille d'argent), qui ont entrepris également la fabrication des tissus élastiques et sont parvenus à acquérir une expérience dont profite leur clientèle.

La maison MAUREL et fils, de Paris (hors concours), démontre l'importance que peut avoir l'application du principe que nous avons posé ci-dessus. Autrefois, nous-mêmes étions tributaires de l'Angleterre pour les tissus caoutchoutés. Nous y achetions les étoffes pour en confectionner des vêtements. La maison Maurel est une de celles qui, les premières, cherchèrent à s'affranchir de cette obligation. Depuis lors, le chemin parcouru a été considérable, car, après nous être défendus sur notre marché, nous avons abordé le grand marché d'exportation et nous sommes parvenus à n'y pas faire mauvaise figure.

Aussi ne surprendrons-nous personne en signalant la beauté de la collection de tissus et vêtements présentés par la maison Maurel et fils, qui nous ont encore soumis divers modèles de bavettes, tabliers, culottes pour jeunes enfants, oreillers de voyage, bonnets de bain en étoffes fantaisie pour dames, etc.

À côté de ces articles, nous avons remarqué des spécimens de technique : tuyaux, feuilles, rondelles et plaques, garnitures de cylindres, et jusqu'à des objets en durci : cadres, disques, etc. Encore une nouvelle tentative d'agrandissement à enregistrer.

MM. MAX-RICHARD, SEGRIS, BORDEAUX et C¹ᵉ, d'Angers (hors concours), ont adjoint à leurs établissements de filature, tissage et corderie, une fabrique de tentes et de bâches, et c'est à ce titre qu'ils ont participé à la Classe 99 en présentant des tentes et tapis de campement, des tentes de jardin, des lits et hamacs, des pliants et du matériel portatif pour voyages et explorations.

La maison MICHEL-JACKSON, à Halluin (Nord), et à Menin (Belgique), exposait simultanément en France et dans la section belge; elle a présenté, de part et d'autre, sensiblement les mêmes produits, ce qui explique cette notice unique commune aux deux établissements.

Cette maison s'occupe tout spécialement de la fabrication du technique; elle nous a présenté deux beaux cylindres de 1 m. 80 de longueur, l'un en gris, l'autre en minéralisé, puis une variété de feuilles diverses, des tuyaux de tous genres, un tapis plein à pointes de diamant, des chambres à air et des bandages, des roues pour automobiles.

En durci, nous avons noté de beaux galets de filature, des bacs et une feuille rigide perforée de milliers de trous pour diaphragme, des porte-plumes, etc. Le Jury a décerné à cette maison une médaille d'argent.

Nous croyons devoir signaler particulièrement les heureuses dispositions de son agencement qui différait totalement des autres installations : le motif principal figurait un portique dont les arceaux se composaient de tuyaux. Les chapiteaux étaient surmontés d'ornements fournis par diverses pièces moulées qui prenaient l'apparence de chardons au moyen des porte-plumes piqués en éventail.

La notice que nous aurions voulu consacrer à MM. Michelin et Cⁱᵉ, de Clermont-Ferrand, se trouve forcément écourtée, cette maison n'ayant garni son stand qu'avec son *bibendum* ventru, encore n'était-il pas en caoutchouc, mais en carton. Deux blocs de para, d'une centaine de kilogrammes chaque, représentaient seuls le caoutchouc; considérés uniquement comme matière première, il n'y avait lieu pour le Jury de formuler aucune appréciation à cet égard.

La maison Milker, de Bukarest (mention honorable), a exposé des trousses et des sacs de voyage munis de belles garnitures.

Une médaille de bronze a été attribuée à MM. Morey e Hijos, de Iquito (Pérou), pour un poncho recouvert de caoutchouc naturel.

La maison Moulant et Chevreal, de Paris (hors concours), nous a montré des tissus élastiques d'une facture remarquable. Les bretelles, d'une fabrication soignée, nous ont permis de constater le cachet de leur montage: jarretières et jarretelles rivalisent de luxe, de même que les ceintures tout cuir ou en tissus élastiques. Un métier Jacquart en réduction, véritable chef-d'œuvre de mécanique, intervenait pour représenter l'outillage de cette maison.

La collection de dessous de bras comprenait les genres les plus variés, depuis les modèles très simples jusqu'aux types luxueux. Enfin il nous faut mentionner une ceinture de sauvetage formée de poches en feuille mince que l'on dissimule sous le vêtement et que l'on maintient à l'aide de lanières en tissu élastique: une tubulure cachée dans le col et que l'on peut aisément porter à la bouche permet de gonfler instantanément cet appareil au moment du danger. Nous estimons que cet engin, tout intéressant qu'il puisse paraître, ne saurait présenter les garanties qu'offrent les ceintures de natation qui, on le sait, sont établies en tissu imperméabilisé avec soufflets en feuille caoutchouc, et ont une solidité suffisante pour résister au choc d'une planche ou des épaves qui abondent sur le lieu d'un naufrage.

Pour compléter la description des articles exposés par cette maison, il nous reste à signaler un beau choix de bracelets, ces liens si utiles et si commodes, les uns plats en feuille sciée, les autres circulaires provenant de manchons rouges découpés sur le tour.

M. Nathan, de Paris (mention honorable), avait tiré un parti très avantageux de son stand pour présenter ses vêtements en peau imperméable pour chauffeurs. Un automobile avec deux personnages formait un décor descriptif dont l'agencement a été fort goûté par le public.

Une médaille de bronze a été décernée à la New departure trunk Company, de Boston, pour ses malles à coulisse composées d'un fût en bois recouvert de peau ou de toile imperméabilisée.

La maison Ongaki, de Tokio (médaille de bronze), a envoyé des coussins en papier semblables à ceux dont nous avons parlé précédemment.

La vitrine de M. Passelac, de Saint-Ouen (médaille d'argent), était garnie d'applications du caoutchouc à la mécanique et d'articles techniques, tels que feuilles, courroies, tuyaux, tapis, poches à gaz, coussins, et de pièces vélocipédiques: bandages, garniture de pédales, poignées de guidon, etc.; puis de nombreuses pièces moulées et enfin des bacs et engrenages divers en ébonite.

La maison Pychlau et Brandt, de Moscou (médaille d'argent), a exposé des malles et valises très bien traitées. Nous avons examiné avec intérêt un sac de voyage dont l'intérieur est démontable et forme chevalet; détail à noter, toutes les pièces entrant dans la confection de cet objet: ferrure, serrure, garniture, sont de fabrication russe.

M. Enrique Pix, à Santa-Eléna (Équateur), est un important fabricant de hamacs qu'il prépare avec la fibre du palmier *mocora*; le Jury lui a décerné une médaille d'argent.

La maison J. de Pontonx et Cᵉ, de Marseille (médaille d'argent), nous a présenté une belle exposition comprenant une variété considérable de pièces moulées ou cuites sous toile et disposées avec infiniment de goût. Le fond de la vitrine représentait un portique à plusieurs arches, des tuyaux formant les piliers et les cintres, des tapis de divers dessins garnissant les panneaux; les chapiteaux étaient formés de pièces en gutta-percha ou en ébonite.

Nous citerons plus particulièrement parmi les articles exposés une belle courroie en coton caoutchontée au métier, piquée avant la vulcanisation, puis des tuyaux pour conduites de pétrole, des cordes en caoutchouc métallisé pour presse-étoupe, un *déten-deur* d'acide composé d'un fort beau cylindre en ébonite, dont les bouts étaient vissés et lutés à la gutta.

M. Léon Porte, de Paris (médaille d'or), s'est fait une spécialité de la fabrication des parasols. Il les établit dans toutes les tailles et nous a montré à son stand des Invalides un parasol immense qui planait majestueusement sur les modèles courants disposés au-dessous de cette pièce monstre. L'armature de ce parasol, le plus vaste qui ait été fabriqué jusqu'à ce jour, comporte un arbre central en tube creux de 11 centimètres de diamètre autour duquel évoluent à son sommet seize branches d'acier de 5 mètres de longueur. En tenant compte de l'arc décrit par les branches lorsque le parasol est ouvert, le développement du parasol est réduit à 8 m. 50 de diamètre. Le montage s'effectue au moyen d'une manivelle commandant deux poulies sur lesquelles s'enroulent deux câbles d'acier. La résistance par ce dispositif est réduite à tel point qu'un enfant pourrait procéder à l'ouverture de ce parasol dont le poids atteint 325 kilogrammes. Pour n'omettre aucun détail, ajoutons que l'on a employé 95 mètres d'étoffe pour recouvrir cet appareil dont la stabilité est assurée à l'aide de cordes passées dans les anneaux placés à l'extrémité des nervures et fixées au sol à l'aide de piquets fichés en terre.

Parasols de jardin, parasols d'artistes, d'explorateurs et de voitures, tous les genres sont représentés. Cette exposition était complétée, tant aux Invalides qu'à l'annexe, par des tentes pour bains de mer et pour jardin. Ces tentes coquettes, avec leurs auvents relevés et leurs petites fenêtres sur les côtés, sont indispensables sur les plages pour trouver un peu d'ombre : elles sont assez spacieuses pour abriter plusieurs personnes assises. Ce sont les véritables salons des bords de la mer.

Le Protectorat de l'Annam nous a montré des lits de camp dont la place est tout indiquée dans un musée ethnographique.

La maison E. Pujalet, de Paris (médaille de bronze), présente une variété d'articles en feuille sciée ou en feuille anglaise à l'usage des pharmaciens, droguistes, merciers, etc. : capsules pour recouvrir les flacons, bracelets, tétines, anneaux de dentition, alèzes pour lits de malades, matelas, etc. A côté de ces articles, signalons, parmi de nombreuses pièces moulées, des poires, essuie-rasoirs, blagues à tabac, etc.

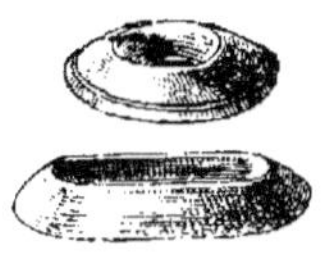

Une médaille d'argent a été décernée à M. Antonio Reyre, de Guayaquil, pour ses hamacs en paille fine.

Fig. 68.
Essuie-rasoirs.

La maison Rivelois et Fagnet, de Roubaix (médaille d'argent), est une nouvelle venue dans l'industrie du caoutchouc, puisque sa fondation remonte à 1894. Elle s'est affirmée depuis par une fabrication toute spéciale des articles techniques : tuyaux, feuilles, pièces moulées, etc. Elle a soumis à notre examen un tube pour frein Westinghouse qui a accompli sa durée réglementaire de trois ans, et après cette honorable carrière, ce tuyau nous a paru très sain et susceptible de fournir une nouvelle période d'emploi. Signalons aussi son bourrage-cuirasse composé d'une âme métallique flexible, entourée d'amiante et recouverte d'une garniture tressée avec des fils d'alliage dont le point de fusibilité est à 270 degrés centigrades.

M. Francisco-José da Silva Rocha, à Porto (médaille d'argent), nous initie aux procédés de fabrication employés au Portugal. Ses malles en cuir gaufré sont couvertes d'ornements reproduits d'après les anciennes ferrures que l'on trouve sur les monuments historiques. Le style dominant est le style composite du XVI° siècle, mélange de gothique et de renaissance. Établis de la même façon, ses valises et ses coffrets ont un cachet d'ancienneté qui caractérise particulièrement ces objets.

La maison Abraham Ross, de Paris (médaille de bronze), s'occupe surtout de la fabrication des sacs et étuis pour appareils photographiques, et elle a acquis dans la confection de ces objets un renom légitime. Cette maison ajoutait à cette spécialité la fabrication des sacs de voyage, et c'est à ce titre que nous avons examiné différents objets qui, par le soin avec lequel ils ont été établis, témoignent de l'expérience acquise dans une fabrication similaire.

Une médaille de bronze également a été la récompense de M. Francisco da Silva Santos, pour ses objets de voyage.

L'éloge de la maison Saint frères, de Paris (hors concours), n'est plus à faire. Cette maison si connue pour ses toiles de lin, de chanvre et de jute, a épuisé la liste des plus hautes récompenses. Nous n'aurions pas à en parler ici si elle n'avait adjoint à ces articles les objets de campement sous la forme d'une tente spéciale qu'elle a exposée à l'annexe du Trocadéro. Cette tente sans mât central, quoique de dimensions relativement assez grandes, couvre près de 12 mètres carrés et peut facilement contenir deux couchettes, une table, deux sièges et les cantines des occupants. Le poids de son armature est de 27 kilogrammes, celui de la toile, 21 kilogrammes; elle est donc aisément portative. Doublée de toile bleue pour atténuer les effets de la réverbération du soleil, elle comporte deux portes formant auvents lorsqu'on les relève. Le tout est d'une fabrication irréprochable.

M. J. Salarnier, de Paris (médaille d'argent), fabrique exclusivement la serrurerie et la ferronnerie nécessaires à la confection des malles, cantines, valises, sacs de voyage, etc.

On ne saurait imaginer la multiplicité de ces accessoires métalliques qui garnissaient la vitrine de M. Salarnier. Il est aisé d'admettre la difficulté d'établir des serrures constituant une fermeture efficace et n'ayant qu'une profondeur minime par suite de la nécessité de ne pas déborder l'épaisseur du fût.

M. Salarnier a résolu le problème et est même parvenu à fabriquer des serrures de sûreté ayant jusqu'à six gorges, sans dépasser les limites imposées par les exigences de la coffretterie.

Serrures automatiques à moraillon mobile, serrures à simple et double crampon, fermoirs, charnières, coulisses, coins, poignées, toutes les parties métalliques de la malle en un mot étaient représentées dans cette intéressante exposition.

La maison Schoenfeld frères, de Paris (médaille d'argent), a envoyé les principaux spécimens de sa fabrication : articles techniques, rondelles, joints, feuilles, tuyaux, garnitures pour fers à cheval, etc.; les articles de chirurgie, une spécialité de la maison, étaient représentés par des poires, pessaires, enemas au brillant émail, bidets, etc. Signalons encore de nombreux modèles de blagues à tabac, une belle série de vessies gomme pour ballons de peau et des ballons rouges avec incrustation de dessins en feuille noire, principalement des étoiles, qui donnaient à ces ballons un décor incontestablement supérieur comme durée à celui que l'on obtient à l'aide du pinceau.

MM. Scott et fils, de Londres (médaille d'argent), dirigent une importante maison dont la fondation remonte à 1699; ils s'occupent particulièrement du travail de l'osier qu'ils emploient à la confection d'objets non seulement usuels, mais encore luxueux. Dans cette dernière catégorie rentrent les objets que nous avons examinés, entre autres un panier avec table-tente et toute la garniture nécessaire pour le déjeuner en plein air de douze personnes.

Une mention honorable a été accordée à MM. Socias y Cⁱᵃ. de Barcelone, pour leurs vêtements imperméables.

La Société anonyme des Établissements Allez frères, de Paris (médaille d'argent), est connue pour l'universalité des articles qu'elle vend dans ses magasins de la rue Saint-Martin. Parmi les articles de sa fabrication se trouvent des fauteuils balancelles et des guérites en osier, que cette société exposait sous la tente qu'elle avait élevée dans l'Annexe.

La société anonyme Colonial Rubber, de Bruxelles (médaille d'argent), est un établissement de fondation relativement récente : 1891, qui a entrepris la fabrication de nombreux articles en caoutchouc, parmi lesquels le technique occupe une place prépondérante. Citons ses rouleaux en durci, ses bacs en ébonite, un beau choix de feuilles, de bons tuyaux toilés cuits à nu et de nombreuses pièces de vélocipédie.

Une médaille d'argent a été décernée à la Société d'Artisans de Guayaquil pour ses hamacs en *pita*, sorte de jute; les fils tordus à deux brins sont tressés avec une grande habileté. Ces hamacs sont d'une finesse remarquable et joignent à une très grande solidité une légèreté étonnante. Cette société est formée d'artisans groupés en syndicat depuis une quinzaine d'années.

La Société anonyme des Établissements Hutchinson, de Paris (médaille d'or), a été fondée en 1849 par M. Hutchinson qui, quatre ans après, réunissait à son établissement la maison Grossmann et Wagner, fabricants de chaussures, dont l'usine, montée en 1847, rue de la Roquette, avait été transférée peu après rue de Picpus. Depuis lors, tous les moyens de production ont été concentrés à la fabrique de Langlée, près Montargis. Cinq ans plus tard, en 1856, M. Hutchinson établissait une seconde usine à Mannheim (grand-duché de Bade).

Cette entreprise est l'une des plus considérables que nous possédions en France. L'une des principales branches de fabrication de cet établissement est la chaussure, dont la production journalière est de 6.000 paires et peut être portée à 9.000 dans les moments de presse. Les chaussures sont classées par genres; à côté du soulier classique connu sous le nom de *bateau* qui a supplanté les socques d'autrefois, il faut signaler les *caueras* et les *parisiens*, véritables chaussures de plage, les *snow-boots* ou souliers à neige et toute une variété de chaussures fantaisie et de bottes, depuis la sibérienne jusqu'à ces immenses bottes dont se servent les égouttiers.

Nous devons une mention spéciale au vernis qui recouvre ces chaussures; il est d'un noir parfait, à la fois souple et brillant, et constitue, du reste, un procédé de fabrication tenu secret avec un soin extrême.

A côté de la chaussure, il faut signaler les tissus caoutchoutés que cette société fabrique pour la confection des vêtements, pour la carrosserie et pour la sellerie. Nous avons remarqué des caparaçons d'une fort belle apparence. Mentionnons un emploi spécial des tissus appliqué à l'art naval; nous avons vu effectivement, dans la vitrine de la société, un modèle en réduction de bateau insubmersible digne du plus vif intérêt.

Ces différents genres sont complétés par la fabrication d'articles techniques : feuilles, courroies, clapets, tapis, et par de nombreuses applications au cyclisme et à l'automobilisme.

La Société industrielle des Téléphones, de Paris (hors concours), a réuni sous sa direction deux des plus anciennes fabriques de caoutchouc : la première et la plus ancienne avait été fondée vers 1835 par M. Rattier; le siège social était alors rue des Fossés-Montmartre; cet établissement était alimenté par l'usine de Bezons (Seine-et-Oise). La seconde fabrique était celle fondée quelques années plus tard par MM. Aubert et Gérard, qui la cédèrent à M. Menier et qui fut acquise en 1893 par la Société industrielle des téléphones. La fabrication du caoutchouc qui était poursuivie simultanément dans les deux usines fut, par la suite, reportée en totalité à l'usine de Grenelle, celle de Bezons étant affectée exclusivement à la fabrication des câbles.

Les articles que fabrique cette société sont innombrables; ils s'adressent à la mécanique générale : tels les cylindres, courroies de transmission, cordes et lanières pour joints, poches à gaz, etc., — au matériel roulant : tels les rotules, butoirs de portières, tapis, tuyaux, diaphragmes et soufflets pour freins, — à l'électricité : gants, rubans isolants, bacs pour accumulateurs, — à la vélocipédie : chapes, chambres à air, poignées de guidon, pédales, — à l'automobilisme : pneus, protecteurs sans fin, — à la carrosserie : bandages pleins pour roues de voiture, tapis, barillets et olives de suspension, — aux sucreries : joints pour diffuseurs, anneaux pour filtres-presses, etc.; ils s'adressent encore à une variété d'industries, telles que tanneries, papeteries, fabriques de chapeaux et de chaussures, imprimeries, etc.

La Société industrielle des téléphones a même entrepris la fabrication des jouets; nous en avons examiné une belle collection dans sa vitrine.

La Société des Fabriques franco-russes, connue sous le nom de Prowodnik, à Riga (médaille d'or), s'occupe non seulement de la fabrication des articles en caoutchouc, mais encore du travail de l'amiante et de la préparation du linoléum. Son usine, située sur les bords de la Duna Rouge, est pourvue des appareils perfectionnés de création récente; elle possède une chambre réfrigérante et des appareils de congélation fonctionnant à l'aide de l'acide carbonique liquéfié, etc.

Le travail est poursuivi sans interruption à l'aide d'équipes de jour et de nuit. On compte 272 jours de travail dans l'année, sauf pour l'atelier de mécanique qui fonctionne pendant 300 jours. La population ouvrière de cet établissement est de près de

2.800 individus; la moyenne des salaires est de 4 francs par jour pour les hommes et de 2 francs pour les femmes.

Les différentes branches de fabrication du caoutchouc comprennent les articles techniques au nombre desquels nous avons remarqué des olives-ressorts pour amortir le recul des canons, des étriers garnis de caoutchouc pour assourdir le cliquetis du métal et prémunir les cavaliers contre le froid aux pieds.

La société Provodnik fabrique aussi des tissus et des vêtements, des ballons et des jouets : nous avons noté un livre composé de feuillets enduits, avec applications de décalcomanie à l'usage des enfants.

Mais les chaussures sont la partie prépondérante de cette fabrication, la production quotidienne oscillant entre 12,000 et 20,000 paires selon les besoins de la vente.

La Société russo-américaine de caoutchouc, à Saint-Pétersbourg (grand prix), est le plus ancien établissement de ce genre en Russie; fondé en 1860, il a pris tout de suite une très grande extension; non seulement c'est la plus importante fabrique de Russie, mais, croyons-nous, du monde entier. Cette société emploie plus de 5,000 personnes, savoir : 2,478 ouvriers, 2,366 ouvrières, 253 employés parmi lesquels il faut comprendre 14 ingénieurs et chimistes; elle dispose d'une force motrice considérable produite par 37 machines à vapeur développant 4,925 chevaux.

La Société russo-américaine est un des plus gros consommateurs de caoutchouc; elle a absorbé, en 1899, 180,000 pouds de gomme brute, représentant 3,000 tonnes métriques d'une valeur totale de plus de 20 millions de francs. Les tissus de laine, coton, lin, chanvre ou jute qu'elle emploie sont exclusivement de provenance russe; elle en consomme annuellement pour près de 7 millions de francs; la valeur des produits chimiques nécessaires à sa fabrication atteint près de 2 millions de francs.

On peut s'imaginer par les chiffres ci-dessus l'importance considérable de cet établissement qui, travaillant environ 280 jours par an, fabrique quotidiennement une moyenne de 35,000 paires de chaussures de différents genres.

La production a atteint l'année dernière (1899) les chiffres suivants :

Chaussures	42,260,000 francs.
Technique et autres articles	10,340,000
ENSEMBLE	52,600,000

Une production aussi considérable a cet immense avantage de développer au plus haut degré les facultés propres à chaque travailleur et de former des spécialistes dont l'habileté acquiert son maximum avec la continuité du travail. Ce concours de circonstances permet de réaliser des perfectionnements incessants dans les ateliers, et la fabrication y gagne en régularité et en qualité. Aussi avons-nous été frappé en examinant les divers produits qui nous ont été soumis, et notre jugement a été édifié, tant par l'ensemble que par les détails, sur tous les points où se sont portées nos investigations.

La Société russo-américaine, tout en ayant acquis une place prépondérante dans la fabrication des chaussures, dont nous avons admiré les spécimens, nous a montré le grand développement qu'elle a donné à la fabrication des articles techniques, tels que courroies, tuyaux, clapets, bandes, etc.

Elle scie les feuilles qui lui sont nécessaires pour la confection de ses articles de chirurgie; elle a entrepris la fabrication des ballons et des jouets et nous a montré des figurines qui sont de merveilleuses pièces artistiques, tant par l'observation des proportions académiques que par le décor, qui en fait de véritables statuettes polychromes.

Parmi les pièces en durci, nous avons remarqué une plaque d'un poli merveilleux, comparable au brillant du cristal, avec une inscription en mat d'une parfaite netteté.

A noter encore un tapis à alvéoles de 25 millimètres d'épaisseur placé à l'entrée du pavillon de la société et un bloc de caoutchouc éponge d'une perfection que nous avons rarement vu atteindre.

La Société russo-américaine a créé diverses institutions philanthropiques : une crèche dans laquelle 300 enfants d'ouvriers sont hospitalisés jusqu'à six ans, une école aménagée pour 400 enfants; dans les locaux scolaires, le soir, ont lieu des cours pour adultes.

A peu de distance de la fabrique, la Compagnie a fait élever deux immenses maisons d'habitation à cinq étages pour le logement de ses ouvriers; l'une de ces constructions ne comprend que des chambres séparées avec une cuisine commune par étage, l'autre bâtiment se compose de petits logements. Ces deux immeubles sont occupés par 587 ouvriers et 488 ouvrières. En dehors de ces constructions, la Société assure encore, dans six autres maisons à deux étages, le logement des inspecteurs, chauffeurs, gardiens et cochers. Enfin, deux autres grandes maisons en pierre à cinq étages abritent les contremaîtres et ouvriers qui forment la compagnie de pompiers de l'établissement et qui, à ce titre, sont logés gratuitement.

Des primes pour longs services, des subventions aux invalides du travail, une caisse de secours mutuels complètent ces dispositions philanthropiques.

Une salle de lecture et une bibliothèque sont à la disposition du personnel, dont les saines distractions sont complétées par la formation d'une société chorale recrutée dans l'usine même.

La Société russo-américaine avait exposé en réduction son usine et les bâtiments d'habitation; ces maquettes savamment machinées permettaient de constater les heureuses dispositions de l'agencement intérieur.

Enfin nous avons examiné avec intérêt et non sans une pointe d'émotion les travaux exécutés par les enfants qui, en dehors de l'instruction théorique, reçoivent les leçons d'un enseignement professionnel étendu. Nous avons particulièrement admiré des chaises, tables et autres meubles en bois établis par les enfants. Ces spécimens dénotent les qualités d'application des élèves et font honneur au personnel enseignant attaché à cet établissement.

Ajoutons, pour compléter les renseignements statistiques donnés sur cette entreprise.

que les salaires atteignent annuellement le chiffre approximatif de 5 millions de francs et que les impôts directs perçus par le fisc s'élèvent à près de 1,500,000 francs.

Le Jury a décerné à S. M. le Sultan du Maroc une médaille d'argent pour ses malles recouvertes en maroquin avec ornements de cuivre.

La maison Svendsen, de Fredrikstad (mention honorable), a exposé des vêtements huilés jaunes avec application de soutache rouge : surouêts, pantalons et blouses de pêcheurs.

Une médaille de bronze a été accordée à M. Tanaka, de Tokio, pour ses chaufferettes de poche et leurs combustibles.

La guerre hispano-américaine, qui a eu des effets déplorables pour l'industrie cubaine, n'a pas empêché M. Balbino Tejero, de la Havane (médaille de bronze), de participer à l'Exposition en envoyant des valises carton couvertes toile et des malles à compartiments que l'on a jugées dignes d'encouragement.

M. Thomas, à Ivry [Seine] (mention honorable), a exposé divers articles en caoutchouc industriel : feuilles, tuyaux, pièces diverses, puis des garnitures pour la vélocipédie.

La maison Torrilhon et Cⁱᵉ, de Clermont-Ferrand (hors concours), a fait une très belle exposition des articles de sa fabrication, qui jouissent d'une réputation méritée.

C'est encore un des anciens établissements français; il a été créé en 1852 et se compose d'une usine principale à Chamalières, près Clermont-Ferrand, et d'une annexe à Royat; transformée depuis quelques mois en société en commandite par actions, cette entreprise continue à être administrée par M. J.-B. Torrilhon, son fondateur, que seconde dans sa haute direction M. Lamy, son gendre.

La société a pour objet la fabrication générale de tous les articles souples ou durcis employés dans l'industrie : courroies, tuyaux, clapets, joints, etc.; elle s'est fait une spécialité de tissus imperméables et vêtements vulcanisés soit à l'étuve, soit au chlorure de soufre; elle joue un rôle important enfin dans l'industrie vélocipédique et dans l'automobilisme.

Les cuirs-caoutchouc que cette maison est parvenue à établir en couleur doivent être signalés tant pour leur souplesse remarquable que pour leur très grande solidité.

C'est à MM. Torrillon et Cⁱᵉ que l'on doit les pneumatiques cloisonnés : c'est un bandage creux dont l'intérieur est partagé par de nombreuses cloisons perpendiculaires au plan de la roue, formant une infinité de petites cellules indépendantes. La perforation du bandage en un point n'affecte donc qu'une cellule et ne diminue que dans une proportion infime le roulement de ce pneu.

Il nous reste à signaler la tentative faite par cette société de s'approvisionner directement des caoutchoucs nécessaires à ses besoins. MM. Torrilhon et C⁰ ont établi depuis 1898 un comptoir d'achat à Konakry; depuis lors ils ont établi plusieurs comptoirs dans l'intérieur de la Guinée française, ce qui leur a permis d'importer 60 tonnes de caoutchouc brut d'une valeur de 500,000 francs, dont ils ont fait usage pour leur propre consommation.

M. Varkles, de Guayaquil (médaille de bronze), a présenté une malle en bois d'amarillo, variété d'acajou, qui offre quelque intérêt.

Une médaille d'argent a été décernée à M⁽ˡˡᵉ⁾ Angela Vico, de Soledad (Équateur), pour ses hamacs tissés avec la fibre de mocora, dont la vente est assez active à Guayaquil.

M⁽ᵐᵉ⁾ veuve Villiard, de Paris (médaille d'argent), offre l'exemple de l'importance que peut prendre une maison travaillant exclusivement avec la feuille anglaise. Outre

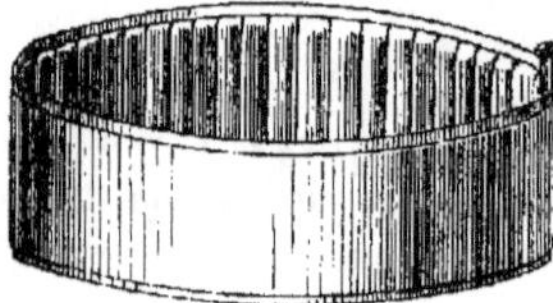

Fig. 69. — Tub (cuvette de voyage).

que cette spécialité n'exige pas d'autoclaves ni le puissant outillage nécessaire au broyage et au mélange des gommes, la matière première est d'un travail relativement facile, ne nécessitant que des étuves, des batteuses, des chaudières à soufre.

M⁽ᵐᵉ⁾ Villiard fabrique ainsi un nombre assez considérable d'articles tout gomme ou tissu et gomme, tels que bracelets, bonnets de bain, coussins, matelas, tables à jeu, tubs, etc.

M. G. Vuitton, de Paris (hors concours), a succédé à son père, le fondateur de la maison, et s'est fait une spécialité d'articles de voyage de choix. C'est la maison Vuitton qui a imaginé les malles en zinc à fermeture si parfaitement hermétique que le contenu ne peut être endommagé dans le cas où la pièce tomberait à l'eau.

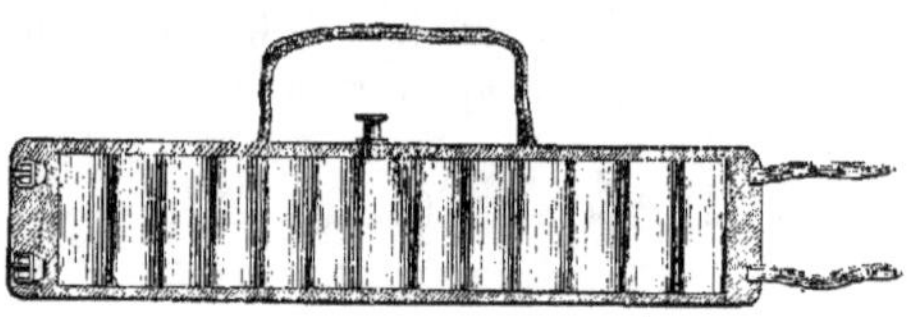

Fig. 70. — Ceinture de natation.

C'est encore cette maison qui, répudiant la première les couvercles bombés, créa la malle plate, d'une manutention si aisée. Toujours en quête d'améliorations, M. Vuitton abandonna les toiles unies employées à recouvrir les malles pour les remplacer successivement par des toiles rayées, puis à damiers. Un de ses derniers perfectionnements fut apporté à la préparation des serrures qui, quel qu'en soit le nombre employé par la maison, possèdent chacune une disposition particulière en faisant une pièce unique, en ce sens que nulle autre clef ne peut ouvrir la serrure devenue ainsi incrochetable.

Une mention honorable a été la récompense accordée à la WESTON PAPER AND MANUFACTURING COMPANY, de Dayton (Ohio), pour ses chaises et hamacs combinés.

Les gourdes sculptées de MM. WILHEIM et GOLDSTEIN, de Osick (Croatie-Slavonie), ne nous ont pas paru présenter un caractère industriel susceptible d'être récompensé.

La fabrication des valises d'osier avec ou sans garniture de bambou est l'objet, au Japon, d'un mouvement commercial assez important pour justifier les récompenses accordées à M. YAMANAKA, de Osaka (médaille d'argent), et à MM. YAGUI, à Hiogo-Ken, et YENNÔ, de la même place, à chacun une médaille de bronze.

Enfin une médaille de bronze également a été décernée à M. ZIGMANN, de Ploeshti (Roumanie), pour sa malle-lit, véritable coffre-divan qui permet au voyageur de ne pas redouter les hôtels encombrés. Il suffit de disposer d'une chambre nue pour avoir aussitôt un confort relatif. Un vieux proverbe français ne dit-il pas : « Comme on fait son lit on se couche »; les Croates mettent ce proverbe en action.

IV

CONCLUSIONS.

Notre tâche est remplie, et si lourde qu'elle ait été, elle nous a, pour la seconde fois, procuré de bien douces satisfactions.

Les sympathies que nous avons rencontrées nous ont permis de mener à sa fin l'œuvre entreprise et nous adressons nos très sincères remerciements à ceux qui nous ont fourni d'utiles renseignements.

Qu'il nous soit permis d'exprimer ici notre bien vive reconnaissance à M. A. Sriber qui a présidé aux travaux des Comités et du Jury et qui, par les encouragements qu'il nous a prodigués, nous a rendu notre tâche agréable et facile.

Nous ne pouvons nous défendre d'une légitime émotion en évoquant le passé, en considérant le présent et en jugeant les résultats obtenus, et nous nous faisons un devoir de rendre hommage au talent et aux efforts de chacun; nous nous trouvons enfin réconforté par le vivifiant spectacle du labeur accompli par tous pour le bien général.

La manifestation grandiose de l'Exposition de 1900 n'est déjà plus qu'un souvenir, et ce n'est pas sans tristesse que nous avons vu s'éparpiller ces magnifiques collections, groupées avec méthode et présentant toutes un enseignement du plus haut intérêt.

En assistant à cet exode des merveilles dont la réunion a coûté tant de peines, notre consolation est de voir finir sous l'égide de la paix un siècle dont les débuts avaient été marqués par le fracas des armes. Nous conserverons la mémoire de cette sublime manifestation du travail qui a jeté un si vif éclat sur notre cher pays.

Qu'il nous soit permis d'exprimer, dans un dernier mot, nos espérances les plus chères : nous désirons voir s'affermir les idées de concorde parmi les hommes, nous souhaitons ardemment le triomphe du génie français conduisant les Arts et les Sciences unis à l'Industrie dans le chemin du Progrès !

E. CHAPEL.

TABLE DES PLANCHES.

TABLE DES MATIÈRES.

Imprimerie Nationale. — 6784-01.